煤矿安全行为规范养成
新编"三字经"

延安能源化工集团　组织编写

应急管理出版社

·北　京·

图书在版编目（CIP）数据

煤矿安全行为规范养成新编"三字经"/延安能源化工集团组织编写. --北京：应急管理出版社，2021
ISBN 978-7-5020-8501-8

Ⅰ.①煤…　Ⅱ.①延…　Ⅲ.①煤矿—矿山安全—安全教育　Ⅳ.①TD7

中国版本图书馆 CIP 数据核字（2020）第 246604 号

煤矿安全行为规范养成新编"三字经"

组织编写	延安能源化工集团
责任编辑	曲光宇
编　　辑	梁晓平　王　晨　孔　晶　李世丰
责任校对	赵　盼
封面设计	罗针盘
出版发行	应急管理出版社（北京市朝阳区芍药居 35 号　100029）
电　　话	010-84657898（总编室）　010-84657880（读者服务部）
网　　址	www.cciph.com.cn
印　　刷	天津嘉恒印务有限公司
经　　销	全国新华书店
开　　本	710mm×1000mm$^1/_{16}$　印张　$5^3/_4$　字数　184 千字
版　　次	2021 年 1 月第 1 版　2021 年 1 月第 1 次印刷
社内编号	20201779　　　　　　　　　定价　30.00 元

版权所有　违者必究

本书如有缺页、倒页、脱页等质量问题，本社负责调换，电话:010-84657880

《煤矿安全行为规范养成新编"三字经"》编写委员会

主　　任　刘浩兴
副主任　李　斌　任　军　陈金拴
委　　员　陈国强　余永泉　白建新　阿　明　陈　辉
　　　　　马　啸　樊勇林　方海军　朱志军　李　峰
　　　　　杨迎新　贺炳伟　童应山　甄葳棋　王　森
　　　　　柳象林　王文彬　周恩德　牛清富　罗志忠
　　　　　吴文前　贺延军

《煤矿安全行为规范养成新编"三字经"》编写组人员

主　　编　李　斌
副主编　任　军　陈金拴　贺炳伟
编　　辑　童应山　甄葳棋　牛清富　高加强　高云岗
　　　　　李福义　景琴琴　陈度军　白世民　任继海
　　　　　赵　云　武　彬　郑　斌　高　杰　侯小洋
　　　　　郭　雄

前　　言

煤炭是我国主体能源和基础产业。受生产环境的限制，安全是发展永恒的主题，也是煤炭企业实现可持续、健康稳定发展的根基所在，更是维护矿工生命安全和社会稳定的重要保障。煤矿安全生产事关人民生命财产安全和企业健康发展根本利益。习近平总书记强调：生命重于泰山，要针对安全生产事故主要特点和突出问题，层层压实责任，狠抓整改落实，强化风险防控，从根本上消除事故隐患，有效遏制重特大事故发生。

当前，正当全国上下深入贯彻落实煤矿安全专项整治三年行动实施方案的关键时期。延安能源化工集团在延安市委、市政府的坚强领导下，在省市应急和煤监部门精心指导下，站在全省能源发展战略的高度，审视安全生产发展态势，牢固树立"生命至高无上，安全重如泰山"发展理念，从"学法规、抓落实、强管理"活动入手，规范职工安全作业行为，确保矿工的生命安全和煤矿安全生产的平稳发展。

俗话说，"上天不易、入地更难。"煤矿地下作业，受自然环境约束很大，不同的地质构造和煤层的赋存条件决定了必须采取不同的生产方式应对未知的地质变化，如煤尘、瓦斯、水、火、顶板五大灾害在不同的开采条件下出现，稍有不慎，就可能造成巨大的灾难。当前，"安全第一、预防为主、综合治理"已经成为贯穿整个煤矿生产的根本理念；落实"安全责任重于泰山"已经成为我们的行动准则。要实现安全生产，必须严格遵守规程，依法管理。深刻总结以往发生事故案例的惨痛教训，违规作业是事故发生的根源所在。因此，煤矿的各级管理人员必须把职工安全行为的规范养成作为安全生产和企业管理的重要内容，始终绷紧安全生产这根弦不放松，教育干部职工上标准岗、干标准活，实现企业发展的长治久安。

我国安全生产管理的实践证明：安全管理是一门科学，也是一门艺术，既具有鲜明的行业特征和时代特色，又具有一定的规律性、特殊性。延安能源化工集团高度重视煤矿安全生产基础管理工作，坚持以规范职工安全作业为抓手,大胆创新,组织企业职工梳理煤矿企业各工种岗位职责和安全管理规范,尤其是根据不同岗位创作的《煤矿安全行为规范养成新编"三字经"》,既高度概括凝练,又符合岗位实际,既形象直观,又好记易懂,相互补充、互相印证,是集团公司培育安全文化、规范安全行为、教育培训职工的鲜活教材,在整个煤炭行业都具有很高的参考价值,也是为红色圣地延安的安全生产管理交出的一份"延能答卷"。

在本书调研、撰写和出版过程中,得到了煤炭系统各级领导、专家、企业家及各界朋友们的大力支持和帮助。应急管理出版社的领导和编辑同志们对本书的立意构思、编辑出版进行了精心策划,在此表示诚挚的感谢!

由于编者水平有限,书中难免存在疏漏和不足之处,敬请广大读者批评指正。

编写组

2020 年 10 月

目　　次

一、领导班子篇 ·· 1

    1. 党组织书记 ··· 1

    2. 矿长/经理 ·· 2

    3. 安全矿长/经理 ·· 3

    4. 生产矿长/经理 ·· 4

    5. 机电矿长/经理 ·· 5

    6. 总工程师 ··· 6

二、安全生产篇 ·· 7

    7. 安全生产管理理念 ·· 7

    8. 领导带班跟班 ··· 8

    9. 安全教育培训 ··· 8

    10. 生产调度会 ·· 9

    11. 班前会 ·· 10

    12. 现场交接班 ·· 11

    13. 安全生产标准化管理体系建设 ································· 11

    14. 现场安全管理 ··· 12

三、入井篇 ··· 13

    15. 入井管理 ·· 13

    16. 检身房 ·· 14

    17. 检身员 ·· 15

    18. 矿灯房 ·· 16

    19. 充灯工 ·· 16

    20. 职工浴室 ·· 17

    21. 浴室保洁员 ·· 17

    22. 自救器 ·· 18

    23. 安全帽 ·· 18

24. 防尘口罩 ……………………………………………………… 18

四、采煤篇 ……………………………………………………………… 19

　　25. 采煤队队长 …………………………………………………… 19
　　26. 采煤队副队长 ………………………………………………… 19
　　27. 采煤队班组长 ………………………………………………… 20
　　28. 采煤队技术员 ………………………………………………… 20
　　29. 采煤机司机 …………………………………………………… 21
　　30. 移架推溜工 …………………………………………………… 22
　　31. 超前支护工 …………………………………………………… 23
　　32. 乳化液泵站司机 ……………………………………………… 24
　　33. 转载机司机 …………………………………………………… 25
　　34. 刮板输送机司机 ……………………………………………… 26
　　35. "三机"检修工 ………………………………………………… 27

五、掘进篇 ……………………………………………………………… 28

　　36. 掘进队队长 …………………………………………………… 28
　　37. 掘进队副队长 ………………………………………………… 28
　　38. 掘进队班组长 ………………………………………………… 29
　　39. 掘进队技术员 ………………………………………………… 29
　　40. 综掘机司机 …………………………………………………… 30
　　41. 支护工 ………………………………………………………… 30
　　42. 喷浆工 ………………………………………………………… 31
　　43. 质量验收员 …………………………………………………… 32
　　44. 打眼工 ………………………………………………………… 32
　　45. 爆破工 ………………………………………………………… 33

六、机电篇 ……………………………………………………………… 34

　　46. 机电队队长 …………………………………………………… 34
　　47. 机电队副队长 ………………………………………………… 34
　　48. 机电队技术员 ………………………………………………… 35
　　49. 机电队班组长 ………………………………………………… 35
　　50. 35 kV/10 kV 变电站值班员 ………………………………… 36
　　51. 地面电工 ……………………………………………………… 36
　　52. 井下变电所值班员 …………………………………………… 37

53. 井下电钳工 ··· 37
　　54. 机修工 ··· 38
　　55. 水泵司机 ·· 39
　　56. 氧、电焊工 ··· 40
　　57. 输送机检修工 ·· 41
　　58. 压风机司机 ··· 42

七、运输篇 ·· 43

　　59. 运输队队长 ··· 43
　　60. 运输队副队长 ·· 43
　　61. 运输队班组长 ·· 44
　　62. 运输队技术员 ·· 44
　　63. 带式输送机司机 ······································· 45
　　64. 无轨胶轮车司机 ······································· 46
　　65. 无轨胶轮车入井检查员 ······························ 47
　　66. 井下运料工 ··· 48
　　67. 信号把钩工 ··· 49
　　68. 绞车司机 ·· 50
　　69. 电机车司机 ··· 51
　　70. 猴车司机 ·· 52

八、"一通三防"篇 ··· 53

　　71. 通防班组长 ··· 53
　　72. 通风员 ··· 54
　　73. 测风员 ··· 55
　　74. 主要通风机司机 ······································· 56
　　75. 瓦斯泵站司机 ·· 58
　　76. 瓦检员 ··· 59
　　77. 防尘工 ··· 61
　　78. 监测监控员 ··· 62

九、职能部门篇 ··· 63

　　79. 调度室主任 ··· 63
　　80. 调度室副主任 ·· 64
　　81. 调度室技术员 ·· 65

82. 调度员 ······ 66
83. 安检科科长 ······ 67
84. 安检科副科长 ······ 68
85. 安检科技术员 ······ 69
86. 安检科信息员 ······ 69
87. 安全检查员 ······ 70
88. 生产技术科科长 ······ 71
89. 生产技术科副科长 ······ 72
90. 生产技术科技术员 ······ 73
91. 机电科科长 ······ 74
92. 机电科副科长 ······ 75
93. 机电科维修技术员 ······ 76
94. 机电科供电技术员 ······ 77
95. 通风科科长 ······ 78
96. 通风科副科长 ······ 79
97. 通风科技术员 ······ 80
98. 地测科科长 ······ 81
99. 地测科副科长 ······ 81
100. 地质技术员 ······ 82
101. 地测科测量工 ······ 82

一、领导班子篇

1. 党组织书记

岗位	岗位描述	安全管理职责	三字经	
党组织书记	我叫××，现任××矿党组织书记。我的主要职责是： 1. 在公司的领导下，深入学习贯彻习近平总书记关于安全生产的重要论述和重要指示、批示精神，监督党和国家安全生产方针、政策和法律、法规的贯彻执行。牢固树立"安全第一、预防为主、综合治理"的安全理念，全面贯彻集团公司、板块公司安全工作要求。 2. 协助矿长/经理搞好安全工作，把安全生产工作作为党建工作的重要内容，对分管业务范围内的安全工作负责。 3. 负责参与建立、健全分管部门的各项安全生产责任制及管理制度，并监督检查其贯彻落实情况。 4. 定期组织党群部门积极参与安全管理工作，扎实开展"党员安全责任区""党员安全示范岗"等创建活动，充分发挥党员在安全生产管理中的作用。 5. 开展安全宣传教育工作，教育员工认真学习安全生产知识、增强安全意识、提高安全技能、提升自我互保能力。 6. 对安全生产重大问题提出意见和建议，参与安全管理工作的决策和实施。 7. 抓好党员干部和党员的安全思想教育工作，增强安全意识和责任感，在安全生产工作中起到带头作用。 8. 参与重大事故调查工作，并提出处理意见。 9. 加强对企业的安全文化建设，创新安全文化。 10. 贯彻落实党管干部原则，加强干部队伍建设，把安全工作业绩作为选拔、任用、考核各级领导干部的重要依据。 11. 参与分管单位安全事故的抢救、追查和处理工作。 岗位描述完毕	1. 对本单位贯彻党和国家的安全生产方针、政策、法规起保证监督作用，并积极提出贯彻建议和意见。 2. 监督安全生产责任制和安全生产规章制度落实。 3. 监督安全生产工作，督促消除各类安全隐患，特别是重大安全隐患，保障安全生产。 4. 协助有关部门搞好安全生产方针、政策、法规、制度等的宣传教育，提高职工的安全意识，充分利用各种宣传工具，及时抓好各个时期安全工作的舆论宣传和本单位安全工作的对外形象宣传。 5. 发挥各级党组织在企业安全生产中的监督保证作用，教育党员在安全生产中发挥模范带头作用。 6. 在评优树模时，把安全工作业绩作为重要内容。支持群团组织开展群众性的劳动保护监督和安全生产竞赛活动。 7. 深入生产一线，做好职工思想政治工作，把安全生产工作的难点作为思想政治工作的重点，贯穿于安全生产的全过程。 8. 督促落实各项安全管理制度,抓好本单位职工劳动纪律教育和整顿，狠反"三违"。 9. 参加安全生产有关会议，监督落实安全会议精神。 10. 履行法律、法规、规章制度规定的其他安全生产职责	党路线 宣法规 抓安全 重监督 树红线 抓思想 听民声 抓基层 反"三违" 教职工 到一线 治隐患 搞活动 构和谐 讲安全 选干部 兴文化	把方向 贯方针 保稳定 抓落实 明底线 重培训 纳民意 强作风 严整顿 安第一 知动态 听建议 广动员 筑平安 议生产 重安全 聚合力

2. 矿长/经理

岗位	岗 位 描 述	安全管理职责	三字经
矿长/经理	我叫××，现任××矿矿长/经理。 我的主要职责是： 1. 认真组织本矿井学习贯彻执行党和国家的安全生产方针、政策和有关安全工作的指令、规定，保证煤矿在生产建设过程中严格遵守国家有关安全生产的法律、法规、规章、标准和技术规范，认真落实集团公司、板块公司安全生产要求。 2. 严格按照国家有关规定要求设置安全管理机构、配备适应工作需要的专职安全生产管理人员，并保证煤矿建设、管理过程中所配备的各类特种作业人员符合要求。必须设立瓦斯治理机构和配备专业技术人员，建立瓦斯治理责任制和管理制度，落实治理资金。 3. 组织建立、健全矿井各级领导安全生产责任制、职能机构安全生产责任制、岗位人员责任制、消防安全制度和操作规程等，并严格按规定进行考核。 4. 组织建立、健全矿井安全目标管理制度、安全奖惩制度、安全技术措施审批制度、安全隐患排查制度、瓦斯治理管理制度、安全检查制度、安全办公会议制度、入井检身和出入井清点制度等，并严格按照相关制度对各部门、人员进行考核、落实。 5. 建立、健全符合实际情况的各岗位工种操作规程，并做好宣传贯彻、教育工作，确保各岗位工种按章作业。 6. 保证矿井的安全生产建设投入符合有关规定要求，并按照投入计划，保证相关的资金及时到位、使用适当。切实保证矿井安全生产和建设过程中人、财、物等资源需求，保障安全投入。 7. 严格按照规定提取使用安全费用，并进行考核，确保有效实施。 8. 制定并实施本单位生产安全事故应急救援、灭火和应急疏散预案，按要求上报生产安全事故，负责组织或协调本单位事故应急救援工作。 9. 矿长/经理是矿井瓦斯治理的第一责任人，每日对矿井瓦斯检查报表、安全监控系统报表等进行审阅、签字，发现异常情况及时处理。 10. 每月至少应主持召开1次矿井安全生产办公会议，贯彻上级的安全生产指示、分析安全生产建设过程中（特别是"一通三防"、防治水、顶板、机电运输）存在的重大问题和安全隐患、制定解决措施，检查上一次办公会议确定的重点工作的落实情况、研究矿井安全生产建设中的重大问题。 11. 全面负责矿井安全生产标准化工作，积极推广应用新工艺、新技术、新装备，持续推进矿井智能化、信息化建设，推进绿色智能化矿山建设。 岗位描述完毕	1. 是本矿安全生产的第一责任人，对全矿安全生产工作负总责。 2. 全面落实企业安全生产主体责任。 3. 建立、健全安全生产标准化、安全风险分级管控和隐患排查治理体系工作制度。 4. 按规定建立、健全安全生产管理机构、配齐安全生产管理人员。 5. 批准、签发矿井安全生产规章制度和安全技术操作规程，组织编制上报安全技术重大方案。 6. 及时发现、治理和消除生产安全事故隐患，保证全员、全过程安全生产。 7. 组织员工开展安全生产教育和培训工作。 8. 制定并落实安全生产、消防安全费用提取和使用计划，确保资金投入满足安全生产需要。 9. 组织制定生产安全事故应急救援预案、应急处置方案及灭火和应急疏散预案，并定期组织演练，落实操作岗位应急措施。及时、如实报告生产安全事故，有效组织事故救援，协助配合事故调查。 10. 对矿井重大危险源实施有效的检测、监控。 11. 对安全设施、设备进行定期检测校验，确保所使用的工艺装备及相关劳动工具、防护用品符合安全生产要求。 12. 依法参加工伤保险，为从业人员缴纳保险费。 13. 确保新建、改建、扩建工程项目的安全设施与主体工程同时设计、同时施工、同时投入生产和使用。 14. 按照相关标准配备消防设备设施，定期检验维修，确保完好有效。定期开展防火检查，及时消除火灾隐患，根据需要建立专职或兼职消防队、微型消防站。 15. 坚持科技、装备、系统并重的原则，推进智能化矿山建设，提高科技兴安水平。 16. 履行法律、法规、规章制度规定的其他安全生产职责	矿长者 责任重 主全盘 全面抓 一把手 有七责 一健全 责任制 二制定 规和程 三培训 要计划 四投入 要保障 五督查 除隐患 六预案 严落实 七事故 报到岗 责任明 强考核 内容严 执行不 法规令 少五亲 带班数 主持保 专题会 安全重 兴科技 演练要 强应急 牢记时 "三同时" 时抓重 标准化 消防打 防灭火 得赢 关键时 "四不放" 遇事故 强整改 吸教训 树榜样 身体行 硬如钢 抓安全 带好队 履好职 永至上 安全事

3. 安全矿长/经理

岗位	岗位描述	安全管理职责	三字经
安全矿长/经理	我叫××，现任××矿安全矿长/经理。我的主要职责是： 1. 贯彻执行党的安全生产方针，落实《安全生产法》《矿山安全法》《煤矿安全规程》《矿山救护条例》及上级安全指令，并督促检查各部门、各单位落实情况。 2. 协助矿长/经理抓好矿井煤炭生产、基本建设、多种经营等方面的安全监督管理工作。参与本矿井安全法规、安全规划、安全目标的制定和实施。 3. 负责监督检查各部门及施工单位执行安全生产方针、政策、法规及上级有关安全生产指示、指令情况，抓好各类安全生产规章制度的落实工作。 4. 负责抓好全矿性安全生产活动，协助矿长/经理组织召开安全生产例会和安全办公会议，并对会议安排的重点安全工作抓好组织落实。 5. 负责搞好安全技术培训工作，抓好全员安全培训和领导干部及特种作业人员的安全技术培训，努力提高广大干部职工安全思想意识和业务技能水平。 6. 负责监督检查各施工单位安全生产责任制的落实。 7. 制定安全费用计划，监督安全投入、安全技术措施资金、应急救援专项资金等投入和使用情况，确保专款专用，投入使用到位，努力改善安全生产环境。 8. 监督检查瓦斯、油型气、水、火、顶板、煤尘、机电运输等重大灾害预防和治理。 9. 组织矿井安全生产目标和标准化矿井建设目标的落实，努力完成上级下达的安全生产目标，高标准地建设标准化矿井。 10. 组织矿安全大检查、安全专项检查和隐患排查，定期分析总结，掌握全矿安全生产动态，提出针对性措施及目标规划。 11. 负责矿井消防安全制度建设、消防所需资金的投入、消防队（站）的建设及消防设施和器材的配备。 12. 发生重大生产安全事故时，必须亲临现场，组织抢险救灾，负责事故上报，并按"四不放过"的原则，主持调查、分析和处理。 岗位措述完毕	1. 对矿井安全生产负直接责任，全面负责矿井的安全生产工作。 2. 参与事故现场指挥和组织领导，对事故处理负直接领导责任。 3. 每旬组织1次安全质量大检查活动，并对查出的问题按照"四不放过"的原则落实整改。 4. 每月召开2次专业例会，总结月度专业安全技术工作和标准化工作，分析安全生产中存在的问题，制定有针对性的防范措施，对下月专业工作作出安排。 5. 落实下井带班跟班制度，经常深入井下，掌握情况，排查隐患，解决现场存在的各种问题，确保现场生产所需各种支护材料满足规程要求。 6. 抓好现场的安全标准化和正规操作工作，对职工安全教育负全面领导责任。 7. 每月主持召开安全生产例会，解决、平衡安全生产过程中存在的问题。 8. 对所辖范围内的检修工作负直接责任，负责各项安全措施的落实。 9. 对采掘过程中的"一通三防"工作负责，把好采煤工作面投产前的验收关，严格通防设施验收标准，确保设施齐全可靠。负责工作面初采、初次放顶及撤除期间的通防安全措施的落实。 10. 负责采掘爆破作业中"一炮三检""三人连锁""爆破三保险"等制度的实施，推广应用先进的爆破技术，确保爆破安全。 11. 对巷道贯通工作负责，组织地测、通风及施工单位具体实施巷道贯通安全措施。 12. 履行法律、法规、规章制度规定的其他安全生产职责	管安全 任务坚 协矿长 专抓安 严守法 重监管 深入井 严带班 施工中 严防范 常检查 严把关 审规程 抓现场 井下险 现场排 反"三违" 遇事故 严考核 真兑现 抓安全 人为本 抓培训 是关键 建责规 立标准 跟带班 查隐患 安思危 齐共管 定目标 督履职 安例会 亲主持 多协调 解难题 重奖罚 严追责 遇事故 即实报 启预案 赴现场 组织救 减伤亡 查事故 "四不放" 有报告 即公布 安全经 时刻念 安全保 事故消

4. 生产矿长/经理

岗位	岗 位 描 述	安全管理职责	三字经	
生产矿长/经理	我叫××，现任××矿生产矿长/经理。 我的主要职责是： 1. 负责矿井月度、季度、年度生产计划编制及组织实施工作和其他重点工程施工组织。 2. 负责采掘衔接工作，建立、健全生产技术管理规章制度，并认真贯彻执行。 3. 负责按照确定的掘进施工工艺、巷道支护方式、接替计划组织掘进施工，指导制定掘进工作面开口处、贯通等安全技术措施。 4. 负责落实掘进工作面探放水、过地质构造带等安全技术措施；加强掘进作业与瓦斯治理、水害防治、机电运输等安全管理工作。 5. 负责采掘系统安全管理工作，组织开展矿压观测与治理和顶板管理工作。 6. 监督检查日常安全生产调度工作，督促调度室建立完善各类调度台账；负责生产调度系统通信畅通。 7. 负责职责范围内作业场所事故隐患排查治理工作，督促施工单位按照作业规程、安全技术措施等施工，落实作业场所综合防尘措施。 8. 参与审定安全生产规划、年度生产建设计划，以及瓦斯治理、水害防治等中长期规划。 9. 对工程质量管理负全面责任，有权协调各部门、各分管领导行使质量职责，向矿长/经理报告工作。 10. 参与组织制定矿井经营发展规划，组织制定年度质量实施计划。 11. 组织贯彻技术规程、施工规范、生产标准等，审批重点工程、大中型工程施工组织设计（生产计划）和特殊工程的技术措施方案，并检查实施情况。 12. 负责解决生产、科研、施工中的重大技术问题，组织鉴定科研项目成果。 13. 组织技术开发和技术攻关活动，主持推广应用新工艺、新技术、新材料，开展科技情报工作与技术协作交流。 14. 对技术人才的培养与使用提出意见和建议，组织考察专业技术人员的业务素质。 15. 参与制定生产安全事故应急救援预案，参与生产安全事故应急救援演练。 16. 参与事故抢险救援，配合事故调查；按职责权限落实事故防范措施。 岗位描述完毕	1. 对矿井安全生产负直接责任，全面负责矿井安全生产工作。对提升运输、生产准备专业的安全生产负领导责任。 2. 每月召开1次生产例会和专业例会，总结当月全矿及专业的安全工作，分析存在的问题，制定有针对性的防范措施，对下月工作作出安排。 3. 每天下午听取各专业的工作汇报，及时协调解决生产过程中存在的问题。 4. 每季度对矿井各变电所、煤仓、炸药库、泵房、绞车房、输送机机头硐室等覆盖检查一遍，及时解决存在的问题。 5. 每天上午主持生产调度会，安排、解决、平衡生产过程中存在的各种问题。 6. 经常深入井下，掌握情况，排查隐患，及时解决现场存在的各种问题。 7. 在矿长/经理的领导下，对生产过程中的采掘工作负责，对生产过程中采掘安全措施、质量标准、技术措施工程负责组织贯彻、落实。 8. 对生产过程中发生的采掘问题和事故隐患，负责分析、落实和处理。 9. 负责解决采掘工程、采掘标准化建设所需的资金、材料、设备。 10. 是矿井停产检修工作的第一责任人，负责检修工作的总体安排和组织制定实施方案，掌握总体进度和监督安全措施的落实。 11. 履行法律、法规、规章制度规定的其他安全生产职责	管生产 抓生产 要生产 法规标 采掘衔 标准化 各系统 遇隐患 薄弱点 处理完 调度会 生产事 勤检修 重现场 严流程 强考核 重科技 提单产 高质量	任务重 安为先 符条件 兼具备 合理布 矿井优 必完善 产让安 是关键 再生产 天天开 细安排 有方案 严措施 提煤质 科学管 用智能 增单进 保安全

5. 机电矿长/经理

岗位	岗 位 描 述	安全管理职责	三字经	
机电矿长/经理	我叫××，现任××矿机电矿长/经理。 我的主要职责是： 1. 认真贯彻执行党和国家安全生产方针、政策，严格按照机电运输规范，监督检查机电、运输设备运行检修安全技术措施的落实，实现安全生产。 2. 负责矿井机电、运输的安全生产管理工作；负责组织制定机电设备检修计划，组织开展机电设备安全大检查，排查重大安全隐患。 3. 组织开展提升运输、电气防爆、供用电安全等专项检查，对检查出的重大机电运输事故隐患研究、制定、落实解决办法。 4. 负责科技机电、运输业务保安管理工作。积极推广应用机电、运输方面的新设备、新技术、新工艺，不断改善机电运输安全装备。 5. 深入现场及时掌握机电、运输设备的安全运转动态。负责审批机电运输设备检修更新计划，制定隐患处理方案和安全技术措施，并监督落实。 6. 参加安全办公会、安全例会。参加机电运输重大事故的追查、分析、处理，制定纠正预防措施并监督落实。 7. 配合安检科等部门抓好机电、运输系统职工的安全技术培训工作，组织开展技术比武和安全知识竞赛等活动。 8. 负责机电运输专业生产标准化规划和检查落实工作。 岗位描述完毕	1. 对全矿机电管理工作和机电安全工作全面负责，负责所分管的基层单位的业务工作和安全工作。 2. 负责全矿机电设备管理机构管理工作和安全工作的组织和落实。并对该部门的工作负有检查、指导和监督的责任。 3. 负责全矿机电设备管理和安全规章制度的制定并组织实施。加强全矿机电管理，消除隐患，确保煤炭生产的正常进行。 4. 领导全矿机电专业标准化工作。负责组织编制机电专业标准化的规划，组织实施，检查指导，奖优罚劣。 5. 负责全矿机电设备、配件、电缆、钢丝绳、输送带、流体输配系统的管路和"五小"电气设备的计划、保管、发放、维护保养、回收复用等工作。 6. 负责全矿供电系统、主要通风风机、主副绞车、主井带式输送机、主水泵等大型设备的安全运转和定期进行性能测试。 7. 负责全矿机电职工的技术培训和安全教育工作，抓好岗位人员的培训、考核，持证上岗。 8. 负责组织实施全矿每年两次停电检修工作的计划编制和组织实施。 9. 负责组织机电系统的专业会议，布置、检查、总结机电工作，对重大的机电隐患组织有关人员现场办公，研究制定落实解决办法，消除隐患。 10. 协助总工程师搞好"一通三防"工作和每年一次的反风演习工作。 11. 负责全矿采掘工作面机电设备等项工作的安装、拆除、运输、试运转、移交及生产期间机电设备检修、维护的检查、指导和监督工作。 12. 负责全矿机电管理工作中各项奖惩制度的审批落实工作，负责贯彻执行矿井有关机电工作的制度和安排。 13. 履行法律、法规、规章制度规定的其他安全生产职责	管机电 机与电 设备多 精维修 勤检测 禁"鸡爪" 防触电 完任务 运输通 国政策 淘汰品 新产品 常升级 勤入井 重培训 兴本安 机电好	责任大 同重要 细分管 重防护 保运行 杜"羊尾" 遏事故 靠全员 是关键 掌握清 拒入井 智能型 安稳运 隐患排 提素质 提智能 安全保

6. 总工程师

岗位	岗位描述	安全管理职责	三字经
总工程师	我叫××，现任××矿总工程师。 我的主要职责是： 1. 负责全矿井安全生产技术管理工作。认真贯彻执行党和国家的安全生产方针、政策、法律、法令、法规、国家标准、行业技术规范，加强技术管理，确保安全生产。 2. 掌握和了解与本矿井田范围相邻煤矿的开采技术资料，防止发生超层越界违法开采行为。负责组织相关技术人员对矿井隐蔽致灾因素进行普查，并研究制定治理措施。 3. 参与审定安全费用计划，负责组织拟定矿井生产、建设、综合利用、技术改造、科学技术发展、信息化建设、设备更新等长远规划及其年度计划。 4. 组织审批矿井各项工程设计方案、作业规程和技术措施。 5. 组织编制和审定矿井重大危险源治理措施和各类应急预案。审定防治水、火、瓦斯、油型气、顶板、煤尘等"灾害预防和处理计划"及安全技术措施，预防重大事故发生。 6. 负责安全科研项目和技术革新活动，组织推广安全新技术、新装备、新工艺。协助矿长/经理抓好"四化"建设。 7. 定期召开技术例会，研究制定技术工作方案，解决施工生产技术难题。加强工程技术人员业务管理，并对副总工程师、部门技术主管进行技术业务指导。 8. 协助矿井/经理按照矿井灾害预防与处理计划，指挥重大事故的抢险救灾工作；参与事故的调查处理，制定落实防范措施。 9. 负责"一通三防"安全技术措施工程项目的落实。 10. 负责组织编制和审查"一通三防"管理制度，并督促实施。定期组织"一通三防"专项隐患排查治理。主持召开"一通三防"例会，解决"一通三防"存在的技术问题和隐患，预防重大事故发生。 岗位描述完毕	1. 组织建立矿井安全技术管理体系；组织制定副总工程师、分管部门负责人安全生产责任制；参与审定安全生产责任制和各类规章制度。 2. 负责编制矿井安全生产规划、年度生产建设计划；负责审批瓦斯（油型气）治理、水害防治中长期规划。 3. 组织制定矿井"一通三防"、水害防治人员培训计划，检查"一通三防"、水害防治特种作业人员接受安全培训和持证上岗情况。 4. 组织编制矿井生产接替计划，合理安排生产布局，杜绝不合理集中生产。 5. 组织开展矿井通风阻力测定、矿井瓦斯等级鉴定、突出危险性鉴定和煤层突出区域划分、煤层瓦斯参数测定、煤层自燃倾向性和煤尘爆炸性鉴定工作；组织开展矿井隐蔽致灾地质因素普查和地质补充勘探工作。 6. 审批矿井通风系统图、通风网络图、防突预测图、采掘工程平面图、通风月报表、测风报表、安全监控报表，审核瓦斯日报表和地质、水文地质相关图件及基础台账等。 7. 组织编制矿井地质报告、建井地质报告、矿井地质类型和水文地质类型划分报告、地质或水文地质补勘报告、"三下一上开采"试采总结报告、矿井闭坑报告；组织编制并实施防治水"一矿一策、一面一策"和矿井回收井筒保护煤柱开采设计。 8. 审批采掘工作面水文地质情况分析报告、各类防治水工程效果验证报告和地面防治水工程设计、矿井防水煤（岩）柱设计、采掘工作面探放水设计等。 9. 负责建立、健全矿井"一通三防"、防治水系统。 10. 组织开展矿井瓦斯日分析工作。每月组织召开 1 次"一通三防"和防治水专题会议。 11. 参与安全生产标准化检查工作；监督检查"一通三防"、火工品管理和防治水等工作；督促副总工程师及相关职能部门做好分管范围内的安全技术管理工作。 12. 制止和查处超通风能力生产、瓦斯超限作业、不执行防突措施或措施执行不到位、瓦斯抽采不达标组织生产等行为；制止和查处受水害威胁的采掘工作面未采取防治水措施或执行不到位组织生产行为；参与查处采掘工作面通风系统、防排水系统不符合规定组织生产行为。 13. 按职责权限落实事故防范措施；落实安全生产监管监察指令。 14. 履行法律、法规、规章制度规定的其他安全生产职责	矿总工 编规程 按规范 防事故 定措施 常督促 守规则 革技术 把"三量" 矿地质 管"三防" 防瓦斯 源头上 勤注灌 大动员 全技术 技术全 审措施 除隐患 促生产 要有方 又恰当 过问 规程全 避危险 改工艺 求创新 科学采 心中清 保通风 不聚集 防粉尘 防火情 产学研 齐攻坚 保安全

二、安 全 生 产 篇

7. 安全生产管理理念

名称	主 要 内 容
安全生产管理理念	一、安全发展理念 无安全保障的速度不要， 无安全保障的产量不要， 无安全保障的效益不要。 二、安全核心理念 以人为本，安全发展。 三、安全工作理念 措施科学，制度完善，责任落实，现场严管。 四、安全管理理念 科技是先导，装备是基础，管理是关键。 五、安全行为理念 作业零违章，设备零故障，场所零隐患，管理零缺陷。 六、安全预防理念 把隐患当事故处理，把灾害当疾病预防。 七、安全生产理念 安全责任重于泰山。 八、安全责任理念 关爱生命，关注安全。 九、安全评价理念 安全是评价领导干部能力和业绩的重要标准。 十、落实七项措施 抓：从领导抓起，抓关键少数，抓责任落实，抓措施到位，抓重点环节，抓三个关键，常抓不懈。 管：落实四级管控、五级责任、六项制度，管严管实安全生产各项工作。 查：查思想、查意识、查制度、查管理、查隐患、查整改、查事故处理。 防：安全第一、预防为主、辨识风险、分级管控、双重预防。 治：降风险、治隐患、治缺陷、治漏洞、治灾害，综合治理、长治久安。 新：不断引进新技术、新工艺、新设备，创新管理理念，人机和谐统一，实现本质安全。 教：技能培训、思想教育、认识提高、能力配位，做到人人生产能安全，人人安全有素养

8. 领导带班跟班

名称	工作要求/行为准则/注意事项	三字经	
领导带班跟班	1. 建立、健全领导带班下井制度，并严格考核。带班下井制度应当明确带班下井人员、每月带班下井的个数、在井下工作时间、带班下井的任务、职责权限、群众监督和考核奖惩等内容。煤矿的主要负责人每月带班下井不得少于5次。煤矿领导带班下井时，其姓名应当在井口明显位置公示。煤矿领导每月带班下井工作计划的完成情况，应当在煤矿公示栏公示，接受群众监督。 2. 领导带班下井制度应当按照煤矿的隶属关系报所在地煤炭行业管理部门备案，同时抄送煤矿安全监管部门和驻地煤矿安全监察机构。 3. 领导带班下井时，应当履行下列职责： （1）加强对重点部位、关键环节的检查巡视，全面掌握当班井下的安全生产状况。 （2）及时发现和组织消除事故隐患和险情，及时制止违章违纪行为，严禁违章指挥，严禁超能力组织生产。 （3）遇到险情时，立即下达停产撤人命令，组织涉险区域人员及时、有序撤离到安全地点。 4. 煤矿领导带班下井实行井下交接班制度。上一班的带班领导应当在井下向接班的领导详细说明井下安全状况、存在的问题及原因、需要注意的事项等，并认真填写交接班记录簿。 5. 建立领导带班下井档案管理制度。煤矿领导升井后，应当及时将下井的时间、地点、经过路线、发现的问题及处理情况、意见等有关情况进行登记，并由专人负责整理和存档备查。领导带班下井的相关记录和煤矿井下人员定位系统存储信息保存期不少于1年。 6. 煤矿没有领导带班下井的，煤矿从业人员有权拒绝下井作业。煤矿不得因此降低从业人员的工资、福利等待遇或者解除与其订立的劳动合同	带班制 到现场 抓安全 勤检查 查隐患 遇问题 真落实 反"三违" 遇险情 交接班 建档案	考核严 严把关 促生产 防未然 纠违章 现场办 狠整治 防事故 撤人员 记录全 信息全

9. 安全教育培训

名称	工作要求/行为准则/注意事项	三字经	
安全教育培训	1. 所有从业人员上岗前必须经过安全生产教育和培训，具备与所从事生产经营活动相适应的安全生产知识和管理能力，熟悉有关安全生产规章制度和安全操作规程，掌握本岗位安全操作技能，经考试合格后持证上岗，未经安全生产教育和培训合格的员工，一律不准上岗作业。各级主要负责人和安全生产管理人员必须具备相应的安全生产知识和管理能力，经由具备相应资质的培训机构培训并考核合格，取得安全资格证书。 2. 要建立从业人员安全培训档案，详细、准确记录培训及考核情况。 3. 每年制定安全培训年度计划，对所需培训教育人员、工种、培训内容造册，并对计划施行情况进行监督检查	进矿后 考合格 建档案 新工人 师徒间 教有方 知规矩	先培训 持证件 记录全 传帮带 协议签 学要专 保安全

10. 生产调度会

名称	工作要求/行为准则/注意事项	三字经
生产调度会	一、调度室 （一）主要职责 1. 通报前一天全矿产量进尺完成情况、生产影响情况、安全情况、各采掘队的任务完成情况及安全生产过程中存在的问题。 2. 安排当日的重点工作。 3. 对区队提出的问题进行协调解决。 （二）工作标准 1. 必须提前 15 min 进行考勤，召开碰头会。 2. 必须准确通报前一天安全生产情况、生产影响情况和煤质管理情况，合理安排当日重点工作。 3. 对安全生产问题及时进行协调解决。 二、基层区队 （一）主要职责 1. 提出需要矿领导、科室解决的问题。 2. 汇报重点、难点工程的进展情况。 （二）工作标准 1. 必须按时参加碰头会和调度会议并签到。 2. 所提需要矿及科室解决的问题必须情况清、问题明。 3. 必须准确汇报重点、难点工程进展情况。 三、机关业务科室 （一）主要职责 1. 通报前一天全矿安全生产过程中存在的问题，安排当日重点工作。 2. 对区队提出的问题进行协调解决。 （二）工作标准 1. 必须提前 15 min 参加碰头会并签到。 2. 必须准确通报前一天安全生产过程中存在的问题，合理安排当日安全生产重点工作。 3. 对区队提出问题及时进行协调解决	调度会　很重要 讲安全　议生产 摆问题　抓重点 安全状　生产情 考虑周　细汇报 报结果　看进展 遇问题　多讨论 定措施　提方案 排任务　明分工 落实事　指定人

11. 班前会

名称	工作要求/行为准则/注意事项	三字经
班前会	一、班前会程序 1. 班前会点名和薄弱人物排查。在召开班前会前由区队长点名签到，点到人员起立答"到"，并评价自己身体状况是否影响工作。区队长必须确认上岗员工是否情绪稳定、身体状况良好、有无饮酒现象。发现薄弱人物严禁其下井作业，并记录到班前会记录本上。 2. 班前会学习提问。组织员工认真学习传达上级和矿有关文件、会议精神及相关政策、法规、制度等，认真学习操作规程、作业规程及各项安全技术措施，坚持每日一题、每月一考。 3. 安全生产任务布置。 （1）由值班领导布置工作任务，通报上一班的生产任务情况，详细布置当班生产任务，明确任务指标，分析完成任务的有利条件和不利因素，使当班职工心中有数。 （2）危险源辨识。安排当班生产任务和工作现场的每个环节、每道工序、每个作业点存在的危险源进行辨识，尤其是新出现的危险源，是否存在隐患，逐条讲清楚，并制定预控措施。 二、要求 1. 时间。班前会每班必须召开，时间不低于 15 min（延长与否根据情况自定）。 2. 参加人员。班前会必须由区队值班干部主持，区队当班员工全部参加。科室包区队人员每周一分三班参加区队班前会，宣贯形势任务，讲解事故案例。特殊时间根据矿要求参加区队班前会。 3. 记录。班前会有专人记录，认真填写班前会记录本，要字迹清晰、内容具体，不允许有缺项，互保联保必须签字。记录与点名册妥善保管以备查看。 4. 纪律。全体参会人员站坐有姿、文明用语，不得相互辱骂、顶撞，手机一律调成静音或振动模式，保持会场纪律。 5. 班前会做到"每日一题，每周一评，每月一考"。 6. 考核。矿安全督查小组随时组织人员对各班前班后会进行督查，对未按班前会程序召开的单位，按照相关规定严肃考核	班前会　要开好 常排查　细关怀 情绪稳　不饮酒 晓制度　学文件 学法规　记规范 举案例　不间断 规与章　记心间 排生产　重安全 讲操作　重细节 严考核　重奖罚 下任务　辨风险 写记录　内容全 不缺项　备查看

12. 现场交接班

名称	工作要求/行为准则/注意事项	三字经
现场交接班	矿井井上下所有带班领导、管理人员和岗位人员必须严格执行现场交接班制度。 1. 接班人员必须提前 30 min 上班，必须在井下现场交接并在指定地点交接做好交接记录。 2. 接班人员到达岗位后，根据交接班的主要内容进行一次全面检查，再看上一班的记录，然后双方再进行交接签字。 3. 交接人员必须交清下一班的注意事项（除填写值班记录外的还要口头详细交接）。 （1）安全情况："一通三防"上的关键问题，水、火、瓦斯（油型气）、顶板、支护、粉尘、电气设备等安全情况。 （2）本班主要经验教训及下一班的应注意事项。 （3）生产或检修以及整治情况。 （4）电气设备的运行情况。 （5）清洁文明生产情况。 （6）其他有关安全事项。 4. 交班人员如发现接班人有醉酒或精神不正常时，有权拒绝交班，并及时向带班领导汇报处理。 5. 接班人认为上一班交代的情况已经清楚，并与自己检查的情况一致方可接班。 6. 接班人按交接班程序要求接班后，发生的问题由当班人负责。 7. 交接班工作要认真向调度室汇报，对重大隐患问题要及时填写隐患档案及处理隐患的责任人	交接班　要牢记 在现场　须全面 接班人　提前到 到岗后　现场看 心有数　不蛮干 确认好　再签字 交班人　总结全 细汇报　要全面 有问题　必交代 安全事　不忽略 齐心干　安全保

13. 安全生产标准化管理体系建设

名称	工作要求/行为准则/注意事项	三字经
安全生产标准化管理体系建设	1. 生产矿井应依法取得证照（采矿许可证、煤矿安全生产许可证、营业执照）且合法有效；考核年度内实现安全考核目标，考核年度内未发生死亡事故；不存在重大安全隐患。 2. 建立和完善煤矿安全生产标准化工作体系，制定煤矿安全生产标准化考核评级及奖惩办法和煤矿安全生产标准化考核评级细则，明确分管负责人和分管业务部门，配备足够的专业技术人员，健全完善安全生产标准化相关规章制度，明确岗位职责；建立并严格执行安全生产标准化考核制度。 3. 从理念目标和矿长安全承诺、组织机构、安全生产责任制及安全管理制度、从业人员素质、安全风险分级管控、事故隐患排查治理、质量控制、持续改进等 8 个方面，建立与矿井日常安全管理相适应的安全生产标准化管理体系，实现生产现场管理、操作行为、设备设施和作业环境规范化、标准化，筑牢安全管理基础。 4. 坚持定期检查考核，每月对照标准化内容开展一次自评，自评资料要留存备查，资料包括专业检查验收评分表、存在问题和隐患整改情况等，同时每月按时将自评情况上报至安全生产标准化系统	标准化　是基础 严标准　按流程 认真学　严格行 八要素　齐头进 双预防　最重要 风险控　隐患治 承诺书　不可少 上到下　全覆盖 建体系　制度全 重过程　严现场 定期查　要达标 做到位　全矿安

14. 现场安全管理

名称	工作要求/行为准则/注意事项	三字经
现场安全管理	1. 严查"三违"。煤矿"三违"是指违章指挥、违章作业、违反劳动纪律，严查"三违"是每个安全检查员的一项重要任务。 2. 细查隐患。及时发现井下所有设备、设施和所有有人活动（包括行走路线）范围内的环境中出现的安全隐患，并采取相应措施及时消除隐患。查隐患，是煤矿安全生产最重要的一道防线，也是安全检查员工作的主要内容。 3. 查"一通三防"安全措施的落实。"一通三防"是指加强矿井通风、防瓦斯、防煤尘、防火灾事故，它是煤矿安全工作的重中之重。 4. 查特殊工种持证上岗。重点查各种司机、爆破工、瓦斯检测员、电工等特殊工种是否持证上岗。 5. 查规程的编制、审批、贯彻、学习考试情况。重点查《煤矿安全规程》、操作规程和作业规程，以及各工种岗位作业标准、防止重大事故措施、矿井灾害预防处理计划、单位制定的规章制度和措施，把住无章不准作业、无规程不准开工投产的关。 6. 查工程质量、操作质量、设备完好率。随时随地对工程质量、操作质量、设备完好率和电气防爆进行检查，必要时要开展专项检查。 7. 查区队的安全活动、班前安全教育和规程学习。一查活动开展形式，二查是否有专题和内容，三查是否有签到和记录。 8. 查区队干部跟班上岗情况，区队干部要靠前指挥、跟班上岗，加强现场安全管理。尤其是采煤掘进工作面，多工种、多单位交叉作业现场，危险性和工作难度较大的作业现场（如运输综采液压支架等），需要干部到岗到位，加强指挥和组织工作。 9. 入井安全检查。重点针对《煤矿安全规程》对入井人员的具体规定而进行的安全检查活动。 10. 检查工业卫生与文明生产情况。一是所有巷道和作业点都应干净卫生，无积水、无浮煤浮矸、无杂物，材料应在材料场码放整齐并且不影响行人通风和行车。二是各种管线电缆都不准拖地，应按规定要求吊挂敷设并且整齐规范。三是大巷要按规定刷白刷浆和水洗，照明安全。各种巷道都要支护良好不得失修	人进场　心到岗 安检员　冲在前 勤巡查　不偷懒 反"三违"　抓违章 不讲情　坚如钢 查设备　查人员 查规程　查证件 查质量　看环境 严规范　重整治 在现场　先确认 多观察　要谨慎 有隐患　立即停 处理好　再放行

三、入 井 篇

15. 入井管理

名称	安全管理/行为准则/注意事项	三 字 经
入井管理	1. 所有入井人员在入井前，一定要睡足、吃饱、休息好，精神饱满、神志清醒，保持强健体能和充沛精力。 2. 严格遵守"三禁止"规定，即入井前严禁喝酒，严禁带烟火和点火物品入井，严禁穿化纤衣服入井。 3. 严格遵守"三戴"规定，即入井前必须戴好安全帽、戴矿灯、随身携带自救器。 4. 按时上班，挂好考勤牌、佩戴人员定位卡，以便单位（矿、区、队）确切掌握实际出勤人数。 5. 准时参加班前会。 6. 入井人员要自觉遵守入井检身制度	上班前　休息好　精神满　身心健 入井前　不饮酒　不带火　不穿纤 排成队　一条线　被检身　多理解 上班去　防为先　下井时　有秩序 不拥挤　不抢行　细观察　耳灵敏 听信号　多留神　红灯亮　不能行 绿灯闪　快速行　要行车　不行人 防机车　不撞人　扒蹬跳　不能干 禁入区　勿乱蹿　井下行　耳要灵 猴车行　勾挂稳　若遇险　拉闸线 乘车序　勿慌乱　乘人车　须排队 听指挥　不争抢　上下时　要站稳 有物料　勿乘坐　门闭严　拴保险 勿露头　勿出脚　过风门　要知道 开一道　关一道　同时开　不得了 巷中行　勿乱动　防触电　防风险 按路线　到地点　巷中歇　找安点 审顶帮　空顶下　看一眼　才保险 防一步　少事故　思想乱　祸无边 意识薄　是根源　反"三违"　改习惯 高兴去　平安归　亲人乐　合家欢

16. 检身房

名称	安全管理/行为准则/注意事项	三字经
检身房	1. 检身房 24 小时不能离人，交接班时必须做到"你不来我不走"的原则，不许擅自离岗。检身员要严守职责、严格检身、时刻注意上、下井人员情况。 2. 所有出井人员和入井人员，必须自觉接受、积极配合井口检身员的检查验身，未经检查，不得入井作业。 3. 凡有下列情况之一的人员严禁入井： （1）未正确佩戴安全帽的，未随身携带自救器和矿灯或所携带矿灯、自救器不完好（过期）的人员。 （2）班组长及以上管理干部未携带便携式瓦检仪的人员。 （3）携带烟草及点火物品等违禁物品或携带与工作无关的娱乐工具、书刊、杂志等物品的人员。 （4）穿化纤衣服的人员。 （5）入井前饮酒、精神萎靡不振、神志意识不清的人员。 （6）无入井安全资格证的人员。 （7）无矿方职能部门或矿领导陪同的参观者、服务工程师等非本矿或与施工无关的人员。 （8）检修期间严格按检修措施执行，无入井许可证者一律不准入井。 （9）具备其他不符合安全要求条件的人员。 4. 井口应悬挂的标识牌板： （1）"入井须知"及安全警示标识。 （2）矿长安全承诺书。 （3）煤矿领导带班下井姓名公示，实际入井人数，煤矿领导每月带班下井工作计划的完成情况。 （4）通报事故隐患分布、治理进展情况，公示重大事故隐患的地点、主要内容、治理时限、责任人、停产停工范围，公布事故隐患举报电话。 （5）职业病危害因素检测结果，职业病危害防治警示标识与警示说明，职业病危害防治的规章制度、操作规程。 （6）副立井最大提升载荷与最大提升载荷差。 （7）重大安全风险、管控责任人与主要管控措施。 5. 入井人员携带工具管理。携带的螺栓、道钉、道夹板、管接头等小型物件必须装入工具包、工具袋中；个人携带的电工工具、维修工具等必须插入随身的工具套中，手头工具必须用细绳系好，锋利有刃的物品必须包好。凡不能用工具包、工具袋装的物品必须统一装车、统一下井。 6. 所有入井人员必须严格执行"三大规程"的规定和本单位井口管理制度，规范着装、按序排队，自觉接受入井检身检查，不得拒绝或刁难入井检身员，不准在井口打闹或强行闯关。 7. 禁止在距井口 20 m 范围内抽烟和设明火装置。 8. 外单位学习、参观人员入井时，要严格遵守各项规定，并由矿方派专人负责进行入井安全教育、引路。	检身房　第一关 严值守　不离人 煤矿工　四件宝 矿用灯　安全帽 自救器　防水靴 每一样　不能少 要入井　须四不 不饮酒　不带烟 不带火　不穿纤 认真查　认真检 细观察　多留神 工器具　要齐全 遵规定　安入井 不合格　拒入井 无论谁　莫例外

17. 检身员

岗位	岗 位 描 述	手指口述安全确认	三字经
检身员	一、岗位职责 1. 准时到达工作地点，掌握入井工人和出井工人人数，并做好记录、书写板牌。 2. 搞好检身和入井、出井登记工作，严禁工人携带烟火入井。严禁没有录用人员、没有登记人员，以及酒后、不戴安全帽、不佩戴自救器者入井。安全员没有携带检测仪不得入井。 3. 查看入井人员是否已经饮酒，升井人员是否私自从井下向外带炸药、雷管、设备器材等，发现问题及时制止。 4. 查看入井人员身上是否带有烟草、点火器、易燃易爆品，严防带入井下。制止工人穿化纤衣服入井。 5. 有权制止未经批准的外来人员入井，对于采矿检查和参观人员要先登记后入井。 6. 对工作认真负责、一丝不苟，对于每一名入井人员进行仔细检查。对当班检身发现的问题及时上报生产负责人，并做好工作记录。 7. 发现升井人员有盗窃矿山器材者，要立即向矿值班室或保卫部门报告。 二、检身程序 1. 用探测仪、双手自上而下按摸入井人员的衣袋，检查其是否携带烟草和点火物品等违禁物品。 2. 用测酒仪检测入井人员是否喝酒。 3. 目视检查入井人员是否穿化纤衣服，是否正确佩戴安全帽、自救器和矿灯，是否违规携带工具、材料、易燃物品、化学物品等。 岗位措述完毕	我叫××，是当班井口检身员，主要负责所有进出井口人员的检身工作。 一、岗位标准 1. 遵守矿山安全生产法律、法规和本单位的安全规章制度，严格执行安全规程、操作规程和交接班制度。 2. 自觉遵守劳动纪律，坚守工作岗位，严禁空岗、脱岗、睡岗，不准做与本职工作无关的事情。 3. 维护安全生产的正常秩序，保证工作人员井然有序地上、下井。 4. 认真填写检身记录。 二、手指口述 1. 交接班。①记录台账齐全，填写规范，确认完毕；②办公设备完好无损，确认完毕；③卫生干净整洁，确认完毕。 2. 入井检身。①入井总人数"三对口"（人员定位、队组/科室汇报、矿灯房入井人员统计）合格，确认完毕；②入井人员佩戴齐全、规范，确认完毕；③火工用品按规定携带，确认完毕；④无酒后入井人员，确认完毕	检身员　第一道 入井前　严格检 看状态　查携带 严标准　登记全 知人数　细记录 按程序　不马虎 人上班　心在岗 遇问题　勤汇报 严把关　不松懈 "三对口"　要牢记

18. 矿灯房

名称	安全管理/行为准则/注意事项	三字经
矿灯房	1. 充电室内温度应保持在 15～25 ℃ 之间，并应保持环境干燥、通风良好、卫生干净，设有安全灭火装备。 2. 充电架应保持清洁，每班应擦拭 1 次，每半年检修 1 次。 3. 严格按照操作规程及有关安全规程作业，收发灯要严格执行"三对口"，无手续不得发灯。 4. 充电过程中，要对矿灯和灯架做到"勤检查、勤保养、勤修理"，注意电压表和电流表指示或其他有无异常，发现问题及时处理。 5. 出现红灯必须进行充电鉴定、修理或更换充电保护板及电池，确保矿灯完好。 6. 女工哺乳期或有特殊情况需离开岗位，应向班组长请假，不许闲人进入灯房。 7. 对在接班后 2 h 未交回矿灯的人员，矿灯房必须将未交灯人员名单报告给矿调度室。 8. 坚持文明上岗，服务态度端正，搞好设备的整洁和环境卫生，准备好保养维护矿灯所需的工具、材料、配件及安全用具。 9. 按时填写好各项记录	小矿灯　大用途 矿工眼　需谨慎 "三对口"严执行 勤检查　勤保养 记录齐　保安全

19. 充灯工

岗位	岗 位 描 述	手指口述安全确认	三字经
充灯工	一、岗位职责 1. 严格遵守操作规程和各项规章制度，做好矿灯充电工作，按牌号发放。 2. 保持矿灯完好，如有亮度不够、电线破损、灯锁不良、灯头松动、玻璃破裂等情况应及时维修或更换。负责发出矿灯完好，完好率达 100%。 3. 每班要清点矿灯数，如遇丢失或损坏，及时登记并上报。 4. 保持矿灯房内、外清洁卫生，履行好交接班手续并按时填写各种记录。 5. 做好外来人员矿灯、自救器、便携式瓦检仪的收发工作，以及人员定位。 二、充电操作 1. 充灯工操作时应穿工作服，操作时应戴绝缘手套，穿胶鞋及防护用品。 2. 把用过的矿灯对号放在充电架上，关闭矿灯开关，然后把矿灯头插到充电架上，顺时针旋转 180°，充电螺栓接触好充电器弹片，电路接通。 3. 充电架指示灯由红灯转为绿灯时，表示蓄电池电量饱和。 4. 每隔 1 h 检查充电情况是否正常充电。 5. 充电过程中突然停电时应立即将灯头逆时针旋转 180°。 三、回收矿灯时的检查 1. 检查灯头开关、灯圈、玻璃、灯头壳及灯线等有无损坏。 2. 检查矿灯有无红灯、灭灯现象。 岗位描述完毕	我叫××，是当班充灯工，主要负责矿灯、自救器、便携式瓦检仪的收发工作，以及矿灯充电工作。 手指口述： 1. 劳保用品。 手指口述：劳保用品穿戴齐全，确认完毕。 2. 环境。 手指口述：环境整洁，确认完毕。 3. 矿灯及充电设施。 手指口述：账灯相符，矿灯完好，充电设施齐全完好，确认完毕。 4. 交接班。 手指口述：已经交班，确认完毕	充灯工　先防护 按规章　见牌发 勤检查　常维修 收发数　要对应 及时充　保照明

20. 职工浴室

名称	安全管理/行为准则/注意事项	三字经
职工浴室	1. 淋浴用水水质应符合《生活饮用水卫生标准》要求。 2. 水温：淋浴水温应保持在37～42℃；池水水温夏季28～33℃，冬季38～43℃。 3. 浴室场所环境卫生干净整洁，每天要对公共卫生区域彻底清洗、消毒。池水要及时更换，每日至少要保证补充2次新水。 4. 澡堂内夏季应保持通风，冬季室内温度应保持在18℃以上。 5. 严禁在浴池内刷鞋、洗衣服，不准在池内用肥皂或浴液洗涤，坚持先淋后浴的原则。 6. 更衣柜严禁放易燃、易爆物品，严禁大声喧哗、嬉戏打闹	浴室内　要干净 常通风　环境好 防传染　保健康 身心健　把班上 遵规程　严管理

21. 浴室保洁员

岗位	岗位描述	手指口述安全确认	三字经
浴室保洁员	1. 遵守工作纪律，爱岗敬业，坚守工作岗位，不串岗、脱岗、睡岗。热诚服务，文明上岗，树立良好形象。 2. 严格遵守浴室各项规章制度和操作程序，始终保持室内外空气清新、卫生清洁、四壁无尘、窗明地净，浴室内用品摆放整齐。 3. 保持每天定时清洁（理）走廊、更衣室、浴室等区域卫生，并全天保洁；浴室每班清理2次，保证无杂物、无异味、保持清洁，地板、过道每班扫3次，拖布拖3次，保持干净卫生；窗户每周擦1次，做到清洁明亮；房顶、壁墙每月清扫1次，做到四壁无尘。浴巾等洗浴用品要定期清洗消毒更换，检查人员工作服每次使用完及时进行清洗消毒更换，服务到位。 4. 严禁无办理手续人员入内洗浴，对内不对外。 5. 严格交接班制度，接班人员必须按规定时间到达工作岗位，听取交班情况，填写交接班记录。接班人未到，交班人不得擅自离岗和委托他人代交，交班人主动向接班人交代清楚本班情况，接班人全面详细检查，必须做到无杂物、污水，做到水净、地面净、窗净、衣柜净，卫生工具齐全完好、管路完好、设备阀门完好。贵重物品必须有存放清单。 6. 开关阀门保持灵活完好，杜绝跑、冒、滴、漏现象，保证下水道畅通，沐浴头水量充足，无堵塞或损坏现象。 7. 做好安全防范工作，建立有突发或重大事件应急预案，杜绝烫伤、滑倒摔伤、传染病等事故的发生。 岗位描述完毕	我叫××，是浴室保洁员，负责浴室卫生清洁工作。浴室共设××个更衣柜，安设××个淋浴头，完好××个，正在维修××个。水温、水压符合要求，地面无积水，可正常洗浴。 手指口述完毕	保洁员　勤打扫 多查看　常消毒 服务好　保清洁 环境好　身心轻 四要净　无跑冒 防范到　安全保

22. 自救器

名称	安全管理/行为准则/注意事项	三字经
自救器	一、正确使用方法 1. 将自救器从佩戴时的右侧移至正前面。 2. 拉开挂钩，取下上盖，展开气囊，气囊不要扭折。 3. 把口具放入口中，口具片应放在唇和齿之间，牙齿紧紧咬住牙垫闭紧嘴唇，使之具有可靠的气密。 4. 逆时针转动开关手轮，然后用手指按动补气压板，气囊迅速鼓起便可把鼻夹的弹簧扳开，将鼻垫准确地夹住鼻孔，用嘴呼吸。 5. 使用中如果看见气囊在呼完气后仍不太鼓及吸气有点憋气，应及时向气囊补气。可按动补气压板，气囊鼓起后停止补气。也可用力吸气，气囊吸瘪后，补气压板压迫补气杆，也会自动补气。 二、自救器的作用 在井下发生火灾、瓦斯、煤尘爆炸、煤与瓦斯突出或二氧化碳突出事故时，供井下人员佩戴脱险，免于中毒或窒息死亡	自救器　救命宝 会使用　拉开钩 开气囊　入口中 紧咬住　开手轮 气囊鼓　用力吸 遇危险　作用大

23. 安全帽

名称	安全管理/行为准则/注意事项	三字经
安全帽	一、正确佩戴方法 1. 应将内衬圆周大小调节到对头部稍有约束感，用双手试着左右转动头盔，以基本不能转动，但不难受的程度，以不系下颌带低头时安全帽不会脱落为宜。 2. 安全帽由帽衬和帽壳组成，帽衬必须与帽壳连接良好，同时帽衬与帽壳不能紧贴，应有一定间隙，该间隙一般为 2~4 cm（视材质情况），当有物体附落到安全帽壳上时，帽衬可起到缓冲作用，不使颈椎受到伤害。 3. 佩戴安全帽必须系好下颌带，下颌带应紧贴下颌，松紧以下颌有约束感，但不难受为宜。 二、安全帽的作用 1. 在现场可以根据不同颜色的安全帽，直接区分工作人员的性质。 2. 安全帽是个人重要的安全防护用品。在现场作业中，安全帽可以承受和分散落物的冲击力，并保护或减轻由于高处坠落或头部先着地面的撞击伤害	安全帽　正确戴 作业场　不得脱 遇落物　免伤害 轻者伤　重者残 戒麻痹　勿大意 守规矩　切莫忘

24. 防尘口罩

名称	安全管理/行为准则/注意事项	三字经
防尘口罩	一、正确佩戴方法 1. 将头箍舒适地套在头的后上方。 2. 将下面的系带向后拉，一边拉一边将面具盖住口鼻。 3. 将下面的系带拉到脖子后方然后勾住，拉住系带的两端调整松紧度。 4. 调整面具在脸部的位置达到理想的效果。 二、防尘口罩作用 防止或减少空气中粉尘进入人体呼吸器官从而保护生命安全	防尘罩　舒适戴 松紧度　要合适 防粉尘　保健康

四、采 煤 篇

25．采煤队队长

岗位	岗 位 描 述	手指口述安全确认	三字经
采煤队队长	1．负责贯彻执行党的安全生产方针，教育职工树立"安全第一"的思想，做好安全管理工作。 2．负责全队全面行政工作，领导和指挥全队职工实现安全生产，完成或超额完成各项工作任务。 3．经常深入生产现场指挥工作，督促检查各项规章制度的执行情况，并要带头执行各项规章制度。 4．定期召开队务会议，严格按照"三大规程"要求研究讨论安全生产中存在的问题并采取有效措施。 5．加强生产组织，持续优化改进作业流程，保证矿井安全生产。 岗位描述完毕	我是采煤队队长××，全面负责采煤队的安全生产管理工作。现我队共计××名职工，其中包括1名队长，××名副队长，1名技术员，××名工人，共分××个生产小队，××个机电小队。 我队施行8小时工作制，职工精神状态良好，现我队正在回采××m，采高××m，日产××t，目前工作面正安全生产。 手指口述完毕	采煤队 挑重担 抓安全 促生产 规程清 思路明 安全经 天天念 重现场 深一线 强组织 优流程 严规程 重落实 遇事稳 须果断 决策明 计长远 凝聚力 塑团队 治"三违" 保安全 辨隐患 措施当 善沟通 促和谐

26．采煤队副队长

岗位	岗 位 描 述	手指口述安全确认	三字经
采煤队副队长	1．负责贯彻执行党的安全生产方针，教育职工树立"安全第一"的思想，做好现场安全管理工作。 2．配合队长领导和指挥本队职工实现安全生产，完成或超额完成各项工作任务。 3．经常深入生产现场指挥工作，督促检查各项规章制度的执行情况，并要带头执行各项规章制度。 4．定期召开队务会议，严格按照"三大规程"要求研究讨论安全生产中存在的问题并采取有效措施，作出切实可行的决定并坚持贯彻执行。 岗位描述完毕	我是采煤队副队长××，主要负责采煤队××班的现场安全生产管理工作。现我队共计××名职工，其中包括1名队长，××名副队长，1名技术员，××名工人，共分××个生产小队，××个机电小队。 我班职工精神状态良好，现正在回采××m，采高××m，班产××t，目前工作面正安全生产。 手指口述完毕	强业务 提素质 重现场 严把关 抓协调 促生产 保质量 除隐患 精维修 运行良 备件全 慎使用 关键点 细分析 交班清 保安全

27. 采煤队班组长

岗位	岗位描述	手指口述安全确认	三字经
采煤队班组长	1. 掌握煤矿安全知识，做到持证上岗，组织协调本班安全生产。 2. 执行安全生产法律法规、各级安全管理制度及办法。 3. 熟知灾害事故避灾路线，了解救灾避灾、自救互救常识。 4. 严格执行操作规程、技术标准规范。 5. 认真填写交接班记录，及时做好"三汇报"工作。 6. 排查隐患，制止"三违"，做到及时有效。 7. 坚持事故汇报制度。 岗位描述完毕	我是采煤队××班班组长××，主要负责××班的现场安全生产管理工作。我班共计××名职工，职工精神状态良好，现正在回采××m，采高××m，班产××t。 一、入井前安全确认 1. 按规定穿好工作服，安全帽、手套、毛巾佩戴齐全。2. 各类证件、仪器仪表携带齐全。3. 矿灯、自救器已携带且完好。4. 备用工具及材料已带齐。5. 未携带违禁物品，无喝酒人员。 二、现场交接班安全确认 现场已交接，上一班存在的问题已处理。 三、开工前安全确认 1. 检查风量、瓦斯探头。手指口述：工作面风量符合规程规定，瓦斯探头悬挂位置正确。2. 检查施工区域顶板。手指口述：施工区域顶板支护完整、无活矸浮石。3. 检查运输系统。手指口述：运输系统安全设施完好，机头机尾固定牢靠，信号有效。4. 检查供电系统。手指口述：供电系统保护齐全，缆线悬挂规范。5. 检查排水系统。手指口述：防排水设备完好，管路畅通。6. 检查洒水系统。手指口述：洒水管路畅通，各转载点喷雾装置、净化水幕完好。 四、班中安全确认 各工种施工工序流程符合规程规定。 五、班后安全确认 1. 检查工作面成型。手指口述：工作面成型符合规程要求。2. 检查端头支护。手指口述：端头顶板支护完整，超前支护到位。3. 检查材料、器具。手指口述：各类材料、器具码放整齐。4. 现场交接。手指口述：现场问题已交接。 手指口述完毕	班组长　带头干 遇问题　妥处理 薄弱点　细查验 无疏忽　避遗漏 危险源　早排除 有隐患　先治理 安与产　现场管 沉应变　心不乱 勤汇报　多协调 依规范　抓生产 严要求　安全先 工作面　要"三直" 顶底平　两畅通 高标准　提质量 促生产　保安全

28. 采煤队技术员

岗位	岗位描述	手指口述安全确认	三字经
采煤队技术员	1. 负责本队的技术管理及技术培训工作。 2. 负责本队各类规程措施的编写、送审和贯彻。 3. 负责职工的技术学习及每日一题的讲解。 4. 负责工作面技术测量和放线等工作。 5. 严格按照各类规程、措施加强工作面技术措施落实，保障施工质量。 6. 加强作业现场水、火、瓦斯、顶板等灾害防治工作，保障作业现场安全。 岗位描述完毕	我是采煤队技术员××，主要负责安全生产技术管理工作。我队现正在回采××m，采高××m，班产××t。 1. 职工施工操作方法符合《煤矿安全规程》，无"三违"人员，确认完毕。 2. 职工已把手指口述应用到工作中，符合手指口述考核要求，确认完毕。 3. 工作进度按规定正常进行、各项参数符合规程要求，确认完毕。 手指口述完毕	编规程　写措施 重现场　细把关 强防治　保安全 搞创新　提技能 多学习　广借鉴 强培训　提素质 资料全　数据清 严标准　创精品 抓落实　变思路 细交底　严考核

29. 采煤机司机

岗位	岗位描述	手指口述安全确认	三字经
采煤机司机	1. 坚持安全生产方针，树立安全第一的思想，遵守劳动纪律，坚守工作岗位，按章操作。 2. 了解采煤机结构性能，掌握一般保养常识，具备处理一般故障的能力。 3. 必须经过专门培训取得采煤机司机资格证书后，持证上岗。 4. 开机前负责检查采煤机各部件的完好情况，如摇臂油位、截齿、喷雾等。 5. 采煤机割煤时注意顶底板、煤层及运输机载荷等情况，随时调整牵引速度和割煤高度。 6. 按作业规程要求割顶底煤，确保割煤质量不留顶底煤。 岗位描述完毕	我是采煤机司机××，我所操作的是××型双滚筒电牵引采煤机，采高××～××m，截深××m，牵引速度0～××m/min，装机总功率××kW，电压××V，过煤高度××mm，滚筒直径××m。我的岗位职责是负责工作面采煤机的操作/使用与维护。 一、岗位作业流程 1. 班前会。2. 乘车。3. 入井。4. 开机前安全确认。5. 开机试运转。6. 运转。7. 停机。8. 交接班检查。 二、危险源预控管理 1. 危险源存在的主要项目： （1）人员距离采煤机滚筒距离小。 （2）更换截齿时未停电。 （3）未对刮板输送机闭锁。 （4）未拔出滚筒离合器。 （5）煤流过大或出现大块煤矸卡堵时继续割煤。 （6）即将割透煤壁时，未观察端头是否有人。 （7）巷道顶帮活矸掉落、片帮。 （8）液管破裂、脱落。 （9）电气设备漏电。 2. 消除危险源的方法措施： （1）"敲帮问顶"确保作业环境无隐患。 （2）更换截齿时停电拔出离合器。 （3）闭锁刮板输送机。 （4）出现大块煤矸卡堵及时停机处理。 （5）割透煤壁前确保端头无人员逗留。 三、设备常见故障处理 （1）冷却水路不通畅：停电闭锁打开离合器，清洗水路。 （2）调高泵无压力：停电闭锁打开离合器，检查油位及管路。 四、避灾路线 1. 瓦斯、煤尘爆炸避灾路线。 2. 火灾避灾路线。 3. 水灾避灾路线。 五、岗位精细管理要求及标准 1. 检查作业场所环境，保证无隐患。 2. 开机前检查设备完好情况，连接部紧固可靠，油脂油位符合要求。 3. 开机先送水后送电，内外喷雾完好。 4. 按正规作业工序进行割煤，保证工作面采高及"三直两平两畅通"（煤壁直、刮板输送机直、支架直，顶、底板平，机头、机尾安全出口畅通无阻）。 5. 停机先断电后停水，打扫机身卫生无煤矸堆积。 手指口述完毕	接班后　细检验 各装置　完而全 按钮繁　要灵便 油表转　无滴点 管路间　无错乱 闭锁关　溜不转 截齿全　喷雾漫 进机道　敲顶帮 手指述　严执行 前后视　无障碍 无人员　开启水 试运转　启动钮 听声音　无异常 确认完　再生产

30. 移架推溜工

岗位	岗位描述	手指口述安全确认	三字经
移架推溜工	1. 按时参加班前会，明确当班工作的安全重点，按规定进行现场交接班，交接清楚。 2. 上岗前，检查各组支架的顶板有无冒顶、片帮危险及支架有无歪斜、倒架、咬架、架间距离、前梁接顶情况，查看支架推移千斤及推移梁的完好情况。操作手把是否打在零位。 3. 检查液压管路，发现有漏液及时维修或更换，操作时，戴上防护眼镜。 4. 移架前发出信号提醒5m附近内站立人员和其他无关人员撤离；人员面向煤壁，站在底座上按规范流程操作。严禁站在两个支架中间和蹲在推溜千斤顶上面进行移架操作，移架时做好防倒措施。 5. 保持工作面"三直两平两畅通"。 岗位描述完毕	我是移架推溜工××，我所操作的是××型支架，支护高度×× ~ ××m，初撑力××kN……刮板输送机为××型……我的岗位职责是负责工作面支架、刮板的操作/使用与维护。 一、班前会确认 经确认，我精神饱满、心情舒畅、注意力集中、身体健康、精力充沛、没有饮酒。精神状态确认完毕，可以参加班前会，接受工作任务。 经确认，我对现场安全生产情况已了解，隐患处理措施已掌握，生产任务清楚，并持证上岗，安全生产确认完毕，已做好了工作准备。 二、班前准备确认 经确认，我劳动保护用品佩戴齐全、工具带齐，确认完毕，可进入工作场所做准备工作。 三、接班确认 经确认，接班现场无安全隐患，并履行了接班手续，确认完毕，可以接班。 四、作业前确认 经检查，支架顶梁前端无冒顶、片帮危险，相邻支架支护良好；支架无歪斜、倒架、咬架现象，支架高度符合规定要求；当前架周围相邻5m范围内无其他人员，立柱、伸缩梁、护帮板按要求支护到位；支架立柱、伸缩梁和平衡千斤顶完好，管路无损伤、挤压和漏液，操作手把齐全、灵敏可靠，供液、供水管路吊挂整齐，管路U型卡齐全，插接到位；现在作业现场无安全隐患，作业准备工作充分，确认完毕，可以开始工作。 五、作业过程中的安全确认 经确认，工作场所附近没有人员，自己站立位置安全。确认机组距支架距离已达3m，收起护帮板，手柄打到零位；护帮板确认收起，手柄打到零位。确认机组通过后距离已达4m，推移前伸梁，打开护帮板，手柄打到零位；前伸梁确认推移到位，护帮板已打开，并有效护帮。确认距机组距离已达15m，推移刮板输送机；确认刮板输送机推移到位，手柄打到零位；收回侧护板，降架推移支架；收回前伸梁，升起支架，打开侧护板和护帮板，手柄打到零位。确认支架移到位，支撑力达到要求，护帮板有效护帮，手柄打到零位。确认割煤完毕。 六、交班前的安全确认 对工作区域进行全面检查，确认质量合格，没有安全隐患后，方可对下班人员进行交班，接受接班人员的检查，履行交班手续。 手指口述完毕	拉架前　细观察 无隐患　再推拉 开喷雾　少降架 快移拉　有架间 无咬架　顶板碎 带压拉　超前架 及时拉　收侧护 升起架　护帮打 操作把　回零位 两端头　要慎重

31. 超前支护工

岗位	岗位描述	手指口述安全确认	三字经
超前支护工	1. 按时参加班前会，明确当班工作的安全重点，按规定进行现场交接班，交接清楚。 2. 进入作业点要先做好安全检查，注意"敲帮问顶"，观察顶帮是否稳定，排除隐患。 3. 检查防倒钩、扁销是否按规定使用，有无未插进交接梁的插孔，是否及时挂上；顶板压力大时单体柱易崩落伤人，采空区处是否未有剪掉钢带或扭出锚杆螺帽，造成采空区空顶面积过大。 4. 检查超前支护长度或高度是否不足，柱与柱间距是否不足1m、电缆用铁线或没有按要求吊挂、拖地；是否影响人员通行或逃生。 岗位描述完毕	我是超前支护工××，超前支护使用的是××型支架/支柱，支护高度××～××m，初撑力××kN……间排距为××m…… 一、班前会确认 经确认，我精神饱满、心情舒畅、注意力集中、身体健康、精力充沛、没有饮酒。精神状态确认完毕，可以参加班前会，接受工作任务。 经确认，我对现场安全生产情况已了解，隐患处理措施已掌握，生产任务清楚，并持证上岗。安全生产确认完毕，已做好了工作准备。 二、班前准备确认 经确认，我劳动保护用品佩戴齐全、工具带齐。确认完毕，可进入工作场所准备工作。 三、接班确认 经确认，接班现场无安全隐患，并履行了接班手续。确认完毕，可以接班。 四、作业前确认 经确认，两巷煤壁无片帮、漏顶现象，工作环境良好。 五、作业过程中的安全确认 1. 认真检查工作地点顶、帮支护情况，符合规程规定。2. 支护可靠，无卸载、失效支柱。3. 备足打抬棚使用的材料（单体柱、π型钢梁、木楔、柱鞋、防倒绳、支柱号牌、线绳），检查工具：工具齐全完好，携带好手镐、钢铣、钢钎等工具。4. 检查液压枪是否完好、管路是否畅通，高压胶管无损伤、挤压、断裂，液压枪完好。5. 清理工作地点：工作地点的管线吊挂整齐，无关设备、物料不得在作业地点存放。6. 施工前认真检查退路，保持畅通无阻。 六、交班前的安全确认 对工作区域进行全面检查，确保设备运转正常，没有安全隐患后，方可对下班人员进行交班，接受接班人员的检查，履行交班手续。 手指口述完毕	悉规程 回三角 勿蛮干 料备全 防淌矸 留退路 防飞销 仰切度 防倒绳 初撑力 槽头尾 替换棚 老塘边 深打眼 切顶线 带帽柱 柱变形 回风道 强支护 远操作 铺严网 出口畅 支回柱 梁挂好 支柱升 要适中 拴系牢 全达到 强支护 打点柱 顶不落 少装药 支护好 不能少 立即换 要畅通

32. 乳化液泵站司机

岗位	岗位描述	手指口述安全确认	三字经
乳化液泵站司机	1. 按时参加班前会，明确当班工作的安全重点，现场交接班清楚；台账记录准确。 2. 上岗前查看工具是否齐全，确认周边安全情况；开泵前检查乳化液泵运转状态，管道、阀门、开关及启动柜及各种保护检查、仪表是否完好，水位是否正常，按操作流程作业。 3. 接确认开泵后，启动电机，运行中随时注意电机和液泵运行状态，有无异声异味，温度、压力和油位是否正常，发现异常立即停机。 4. 定期对设备进行检修维护。检修时，所有高压管路都要卸压。做好班前、班中、班后安全巡查工作，发现问题及时处理。不违章操作。 岗位描述完毕	我是乳化液泵站司机××，我所操作的是××型乳化液泵站，总功率××kW，电压××V。 岗位安全确认/隐患排查：当前工作面通风良好，液位、浓度、压力正常。 一、班前会确认 经确认，我精神饱满、心情舒畅、注意力集中、身体健康、精力充沛、没有饮酒。精神状态确认完毕，可以参加班前会，接受工作任务。 经确认，我对现场安全生产情况已了解，隐患处理措施已掌握，生产任务清楚，并持证上岗。安全生产确认完毕，已做好了工作准备。 二、班前准备确认 经确认，我劳动保护用品佩戴齐全、工具带齐。确认完毕，可进入工作场所准备工作。 三、接班确认 经确认，接班现场无安全隐患，并履行了接班手续。确认完毕，可以接班。 四、作业前确认 经确认，两巷煤壁无片帮、漏顶现象，工作环境良好。 五、作业过程中的安全确认 1. 环境检查：检查作业地点安全状况。2. 设备完好：检查设备完好情况。3. 管路畅通：检查管路系统畅通情况。4. 浓度规定：确认乳化液浓度达到规定要求。5. 断电关水：紧急情况紧急停机。 六、交班前的安全确认 对工作区域进行全面检查，确保设备运转正常，没有安全隐患后，方可对下班人员进行交班，接受接班人员的检查，履行交班手续。 手指口述完毕	持证件　慎操作 配比度　按规定 停送电　挂牌板 管和线　挂整齐 清杂物　畅排水 记录本　填写清 在现场　交接班

33. 转载机司机

岗位	岗位描述	手指口述安全确认	三字经	
转载机司机	1. 持证上岗，按时参加班前会，明确当班工作的安全重点，按规定进行现场交接班，交接清楚。 2. 上岗前，检查顶帮维护情况，巷道内有无浮煤、积水，机尾、天桥和防护链是否完好。 3. 检查各部连接、信号、开关是否完好。机头喷雾、牵移装置、行走小车是否转动灵活。 4. 开机前发出开机信号，运行中随时注意转载机及带式输送机的运行状况，发现异常立即停机。 5. 人员横跨转载机时要上行人天桥。 岗位描述完毕	我是转载机司机××，我所操作的是××型转载机，总功率××kW，电压××V，过煤量××t/h。我的岗位职责是负责工作面转载机的操作/使用与维护。 一、班前会确认 经确认，我精神饱满、心情舒畅、注意力集中、身体健康、精力充沛、没有饮酒。精神状态确认完毕，可以参加班前会，接受工作任务。 经确认，我对现场安全生产情况已了解，隐患处理措施已掌握，生产任务清楚，并持证上岗。安全生产确认完毕，已做好了工作准备。 二、班前准备确认 经确认，我劳动保护用品佩戴齐全、工具带齐。确认完毕，可进入工作场所准备工作。 三、接班确认 经确认，接班现场无安全隐患，并履行了接班手续。确认完毕，可以接班。 四、作业前确认 经检查，转载机的机头电机、减速机、防护罩完好，连接螺栓齐全紧固可靠；刮板螺栓齐全、紧固可靠，连接环连接可靠；喷雾供水装置和电机冷却装置齐全，效果良好；组合开关各项显示正常；链轮组件、刮板固定牢靠，油池油位符合要求；溜槽连接可靠，无破损、漏煤现象；作业现场无安全隐患，作业准备工作充分。确认完毕，可以开机。 五、作业过程中的安全确认 经确认，工作场所附近没有人员，自己站立位置安全；通过语音喊话器喊话"转载机开机，沿线人员注意"3遍；打开转载机闭锁开关按钮；拧动开关上的"破碎机"启动按钮，启动破碎机；确认破碎机启动后，拧动开关上的"转载机"启动按钮，启动转载机；确认转载机启动后，观察转载机各个设备参数变化情况，对转载机进行实时监控。 六、交班前的安全确认 对工作区域进行全面检查，确保设备运转正常，没有安全隐患后，方可对下班人员进行交班，接受接班人员的检查，履行交班手续。 手指口述完毕	知性能 先闭锁 紧固件 按指令 皮带尾 破碎机 移设备 遇事故	熟操作 查链板 须牢靠 开停机 莫跑偏 带轮好 站位准 速处理

34. 刮板输送机司机

岗位	岗位描述	手指口述安全确认	三字经
刮板输送机司机	1. 我持证上岗（手拿证件出来），按时参加班前会，明确当班工作的安全重点，按规定进行现场交接班，交接清楚。 2. 上岗前，检查机头电机、减速机、防护罩是否完好，信号操作系统是否灵敏可靠，机尾及电机上的浮煤是否清理干净。 3. 启动时必须打开机信号，解除闭锁，确认无人后按启动按钮，启动刮板输送机。 4. 运行中，随时注意刮板输送机运行状况，严禁长时间空负荷运转，严禁任何人在运转的运输机上站立或行走，发现异常立即停机。 岗位描述完毕	我是刮板输送机司机××，我所操作的是××型刮板输送机，总功率××kW，电压××V，过煤量××t/h。我的岗位职责是负责工作面刮板输送机的操作/使用与维护。 一、班前会确认 经确认，我精神饱满、心情舒畅、注意力集中、身体健康、精力充沛、没有饮酒。精神状态确认完毕，可以参加班前会，接受工作任务。 经确认，我对现场安全生产情况已了解，隐患处理措施已掌握，生产任务清楚，并持证上岗。安全生产确认完毕，已做好了工作准备。 二、班前准备确认 经确认，我劳动保护用品佩戴齐全、工具带齐。确认完毕，可进入工作场所准备工作。 三、接班确认 经确认，接班现场无安全隐患，并履行了接班手续。确认完毕，可以接班。 四、作业前确认 经检查，刮板输送机的电机、减速机、防护罩完好，连接螺栓齐全紧固可靠；刮板螺栓齐全、紧固可靠，连接环连接可靠；喷雾供水装置和电机冷却装置齐全，效果良好；组合开关各项显示正常；链轮组件、刮板固定牢靠，油池油位符合要求；作业现场无安全隐患，作业准备工作充分。确认完毕，可以开机。 五、作业过程中的安全确认 经确认，工作区域附近没有人员，自己站立位置安全；通过语音喊话器喊话"前（后）部刮板输送机开机，沿线人员注意"3遍；打开闭锁开关按钮；拧动开关上的"前（后）部刮板输送机"启动按钮，启动刮板输送机；确认启动后，观察各个设备运行情况，对其实时监控。 六、交班前的安全确认 对工作区域进行全面检查，确保设备运转正常，没有安全隐患后，方可对下班人员进行交班，接受接班人员的检查，履行交班手续。 手指口述完毕	接班后 尾到头 查链条 检刮板 有损坏 即更换 开机前 先确认 无危险 启动钮 有飘链 先闭锁 停开关 处理完 再生产 大矸石 杂物料 莫过关

35. "三机"检修工

岗位	岗位描述	手指口述安全确认	三字经
"三机"检修工	1. 便携仪完好，按时参加班前会，明确当班工作的安全重点，按规定进行现场交接班，交接清楚。 2. 根据班组长的安排，备齐检修用的工具及配件仪器、仪表，把更换用的大型设备运至更换地点。 3. 对"三机"的相关部件、电气设备等分别按照操作规程一一检修。检修前必须将"三机"及相关设备切断电源，挂上停电牌。 4. 检修完毕后，按操作程序进行试运转，并注意观察设备运转是否正常，发现问题，及时处理。 岗位描述完毕	我是工作面"三机"检修工××。我的岗位职责是负责工作面"三机"的维修与保养。 一、班前会确认 经确认，我精神饱满、心情舒畅、注意力集中、身体健康、精力充沛、没有饮酒。精神状态确认完毕，可以参加班前会，接受工作任务。 经确认，我对现场安全生产情况已了解，隐患处理措施已掌握，作业任务清楚，并持证上岗。安全生产确认完毕，已做好了工作准备。 二、班前准备确认 经确认，我劳动保护用品佩戴齐全、工具带齐。确认完毕，可进入工作场所准备工作。 三、接班确认 经确认，接班现场无安全隐患，并履行了接班手续。确认完毕，可以接班。 四、作业前确认 经确认，煤墙无冒顶、片帮危险；已停电闭锁挂牌；现在作业现场无安全隐患，作业准备工作充分。确认完毕，可以开始工作。 五、作业过程中的安全确认 信号闭锁装置灵敏；传动装置，机头、机尾各部的螺栓齐全、完整、紧固；无渗漏油现象，无刮板缺失、变形、少螺栓等现象，无链条、连接环扭转、跳链、变形等现象；机头与转载机的搭接、拨链器、刮板、机头防尘设施、冷却系统、瓦检仪悬挂正常；监听试运转情况。 六、交班前的安全确认 对设备进行全面检查，确保设备运行完好，卫生清理干净，没有安全隐患后，方可对下班人员进行交班，接受接班人员的检查，履行交班手续。 手指口述完毕	懂性能　会操作 知保养　保运转 按程序　细检查 检验前　全闭锁 打开关　须验电 停送电　设专人 作业点　支护强 确认后　按程序 器具清　防护全

五、掘 进 篇

36. 掘进队队长

岗位	岗 位 描 述	手指口述安全确认	三字经
掘进队队长	1. 保证完成生产任务，做到日、旬、月不欠产，掌握生产情况，及时处理生产中出现的问题。 2. 严禁违章指挥，做到安全生产，避免重大人身、机电事故，减少轻伤。 3. 搞好质量工作，严格执行质量管理制度，坚持检查交接班记录，及时处理安全质量问题。 4. 负责行政全面工作，健全并负责执行各种制度，做好进尺结算工作，审查好职工工资。 5. 做好职工工作，开展谈心活动，掌握职工的思想动态和政治教育。 6. 遵守劳动纪律，按时上下班。 岗位描述完毕	我是掘进队队长××，全面负责掘进队的安全生产管理工作。现我队共有××名职工，其中包括1名队长，1名技术员，××名副队长，××名工人，共分××个生产小队，××个机电小队。我队实行"三八"工作制，职工精神状态良好，现我队正施工××，主要用于××，目前工作面正安全生产。 手指口述完毕	搞掘进 是先锋 抓安全 促生产 区队事 全要管 责任大 担子重 守规章 不蛮干 带好队 管好人 干工作 谋在先 各制度 要健全 责任制 要明确 考核严 奖罚明 树典型 定标准 降消耗 创高产 好建议 广采纳 竞赛台 戴红花

37. 掘进队副队长

岗位	岗 位 描 述	手指口述安全确认	三字经
掘进队副队长	1. 负责分管工作，按照安全生产责任制（区队长）的要求，组织指挥生产，做好安全工作。 2. 协助队长搞好安全生产，完成生产任务，解决生产中出现的问题。 3. 帮助班组长协调好生产中的各个环节。 4. 关心职工生活，走群众路线，解决职工的实际困难。 5. 遵守各项规章制度和劳动纪律，按时上下班，以身作则。 岗位描述完毕	我是掘进队副队长××，主要负责掘进队××班的现场安全生产管理工作。现我队共有××名职工，其中包括1名队长，1名技术员，××名副队长，××名工人，共分××个生产小队，××个机电小队。我队实行"三八"工作制，职工精神状态良好，现我队正施工××，主要用于××，目前工作面正安全生产。 手指口述完毕	抓生产 管安全 管机电 正常转 管现场 组织好 下任务 要合理 组织人 要灵活 各工序 衔接好 抢进尺 质达标 赶进度 安全牢 标准化 好好搞 尽全力 履好职 降成本 增收入 管得好 效率高

38. 掘进队班组长

岗位	岗 位 描 述	手指口述安全确认	三字经
掘进队班组长	1. 带领本班员工开好每一次班前会，详细了解井下工作面的状况。 2. 严格劳动纪律，按时召开班前会，做好工作面交接班的全面检查工作。 3. 搞好班组建设，负责教育员工全面提高质量管理意识，抓好工序管理和生产标准化工作。 4. 掌握设备性能，熟悉作业规程和设备操作要领，根据本班生产任务，合理组织调配劳动力，保质保量安全完成区队布置任务。 岗位描述完毕	我是掘进队班组长××，我班正在施工的是××掘进工作面，本班出勤××人，已全部到达作业地点，未携带违禁物品，无喝酒人员，确认完毕。 1. 备用工具及材料已带齐，确认完毕。 2. 防排水设备完好、管路畅通，确认完毕。 3. 洒水管路畅通，各转载点喷雾装置、净化水幕完好，确认完毕。 4. 各工种施工工序、流程符合规程规定，确认完毕。 5. 经验收，巷道成型符合规程要求，确认完毕。 6. 顶板支护完整，临时支护到位，确认完毕。 7. 各类材料、器具码放整齐，确认完毕。 手指口述完毕	班组长 组织人 抓生产 班前会 六必讲 安排活 到现场 先敲帮 棚架正 空顶下 隐患消 不违章 勤动脑 遇险情 安全有 最关键 下任务 抢进度 要开好 做到位 要合规 风险辨 再问顶 顶背牢 最危险 方可干 无蛮干 指挥好 先撤人 进尺保

39. 掘进队技术员

岗位	岗 位 描 述	手指口述安全确认	三字经
掘进队技术员	1. 协助队长分管技术质量安全工作，确保正常的生产衔接和安全生产。参加班前会，并做好记录。 2. 负责《作业规程》《安全技术措施》的编写和贯彻执行，做到施工有措施、作业有规程。 3. 负责工作面规程措施执行，负责工作面日常检查和隐患整改落实。 4. 监督检查安全质量，对质量问题和不安全因素，及时汇报并商定处理意见。 5. 负责业务技术管理，结合实际，对职工进行技术培训，提高职工业务水平和工作能力。 6. 搞好资料收集工作，做好质量、事故、各类数据的统计工作。做好区队的各项记录。 7. 积极学习新技术、新工艺、新管理，协助队长搞好全队安全生产技术工作。 岗位描述完毕	我是掘进队技术员××，我队正在施工的是××掘进工作面，××掘进工作面设计、图纸、规程及措施齐全并学习贯彻完成，记录完整。我队实行"三八"工作制，早班配备××人、中班配备××人、夜班配备××人，目前职工精神状态良好。 1. 巷道中腰线已进行标校，满足工作面需要，确认完毕。 2. 防排水设备完好、管路畅通，确认完毕。 3. 洒水管路畅通，各转载点喷雾装置、净化水幕完好，确认完毕。 4. 各工种施工工序、流程符合规程规定，确认完毕。 5. 经验收，巷道成型符合规程要求，确认完毕。 6. 顶板支护完整，临时支护到位，确认完毕。 7. 各类材料、器具码放整齐，确认完毕。 8. 现场措施到位，"五图一表"齐全，贯彻记录完整，确认完毕。 手指口述完毕	编规程 抓质量 新技术 新工艺 新法规 一规程 学贯通 合格者 安技措 质量关 多下井 懂现场 控现场 有伞檐 初撑力 有悬顶 爆破法 垮落法 依措施 细研究 写措施 管培训 要研究 要学习 要吃透 一措施 把试考 方上岗 严执行 要把严 积经验 会管理 强支护 必摘除 必达到 超规定 急泄压 充填法 按规程 仔分析

40. 综掘机司机

岗位	岗 位 描 述	手指口述安全确认	三字经
综掘机司机	1. 坚持安全生产方针，树立安全第一、质量达标的思想，遵守劳动纪律，坚守工作岗位，按章操作。 2. 持证上岗，了解掘进机结构性能，掌握一般保养常识，具备处理一般故障的能力。 3. 开机前进行安全确认。 4. 负责工程质量、巷道成型的管控。 5. 掘进机切割作业时，必须开启内外喷雾，有效降尘。 6. 掘进机应定期保养、日常检修和维护。 岗位描述完毕	我是综掘机司机××，我所操作的是××型悬臂式综掘机。我的岗位职责是负责工作面综掘机的操作/使用与维护，全面负责本班巷道成型把控。 1. 迎头支护质量完好，物料人员已全部撤出，确认完毕。 2. 供电系统、急停按钮正常，冷却、喷雾系统、照明系统完好，确认完毕。 3. 除尘风机运行平稳、声音正常，风筒连接完好、无漏风，确认完毕。 4. 铲板无变形，各部位完好，确认完毕。 5. 小刮板输送机刮板齐全，扣件无松动，运行平稳，确认完毕。 6. 瓦斯不超限，允许开机，信号已发出，人员已撤离，允许开机，确认完毕。 7. 接到停机信号，确认停机信号，依次停止切割电机、小刮板输送机、输送机、油泵、冷却洒水系统、除尘风机。 8. 综掘机已停止运行，截割头已落地，开关已闭锁，护罩已盖好，确认完毕。 手指口述完毕	上岗前 查设备 启动前 均完好 响警铃 均安全 切割前 看准线 中腰线 轮廓线 按轨迹 方可割 外喷雾 除尘机 各水幕 要开启 大块矸 要破碎 两帮直 顶底平 拱要圆 面平整 成型好 安全保 停机后 闭锁好 有问题 早汇报 交接班 问题清

41. 支护工

岗位	岗 位 描 述	手指口述安全确认	三字经
支护工	1. 开好每一次班前会，详细了解井下顶帮的状况。 2. 准备好支护所需的各种工具、材料。 3. 支护前，首先打好临时支护，确保顶板安全，再进行锚网索支护安装，并保障支护质量合格达标。 4. 搞好本班工作面清洁文明卫生，做到文明施工。工具材料码放整齐，不浪费材料，爱惜设备。 5. 安全、保质保量地完成区队分配的各项任务。 岗位描述完毕	我是掘进队支护工××，我所施工的是××掘进工作面，巷道（净）宽×高＝××m×××m；支护使用××型锚杆，间排距××m；使用锚索××型，间排距××m；网片绑扎方式××。我的岗位职责是在班组长的领导下，负责指定地点临时支护及"敲帮问顶"工作及永久支护的施工作业。 1. "敲帮问顶"完毕，顶帮已找实，确认完毕。 2. 临时支护已到位，符合规程措施要求，确认完毕。 3. 支护材料合格、工器具齐全完好，确认完毕。 4. 风、水管路连接完好，无跑冒漏滴；打眼机试运转正常，确认完毕。 5. 眼位已定好，可以打眼，确认完毕。 6. 眼已打好，可以安装锚杆/锚索，确认完毕。 7. 锚杆/锚索已紧固完毕，紧固力达到要求，支护质量符合标准，确认完毕。 手指口述完毕	打眼前 找活矸 顶帮净 临时柱 画眼位 有规定 间排距 要均匀 按角度 去打孔 深度够 孔干净 装药卷 不少数 搅拌足 凝固牢 挂网片 搭接足 上托盘 方位正 上螺母 扭矩紧 上锁具 张拉紧 外露长 按标准 盘贴岩 不留空 支护好 安全保

42. 喷浆工

岗位	岗位描述	手指口述安全确认	三字经
喷浆工	1. 熟悉掌握喷浆机的构造、性能、原理。 2. 严格执行作业规程规定。 3. 严格按比例进行喷浆料的配比。 4. 上岗前佩戴好个人防护用品。 5. 掌握好喷浆质量，认真做好喷浆表面的日常维护。 6. 负责喷浆前管线、风筒的保护工作及喷浆区域的清洁文明生产工作。 岗位描述完毕	我是××队喷浆工，我叫××，我的岗位职责是操作和维护喷浆机，本班喷浆机运转正常。 1. 巷道无片帮、冒顶现象，顶板和支架完好牢固，工作场所安全无隐患，巷壁冲洗干净，避开或遮盖好机械、电气设备、管线、管路等。巷道通风良好，可以进行喷浆作业，确认完毕。 2. 检查工具、仪器、风水管路连接牢固，无跑冒滴漏现象，验收表携带齐全，完好合格，确认完毕。 3. 巷道成型，支护符合规程要求，确认完毕。 4. 各类缆线悬挂符合规程要求，确认完毕。 5. 风筒悬挂平直，无破口，符合规程要求，确认完毕。 6. 压风、洒水管路畅通，转载点喷雾装置齐全，符合规程要求，确认完毕。 7. 喷浆点下风侧捕尘网、水幕完好并已开启水幕，确认完毕。 8. 验收记录已填写，确认完毕。 9. 点动电动机，确认旋转方向与工作方向一致，确认完毕。 10. 振动筛上无杂物、振动器无损坏，机体牢固，无晃动现象，确认完毕。 11. 喷浆时，打开进风闸门，根据料管长短，预调至需用启动压力，然后用压风吹管路2~3 min，打开水管闸门。按下启动按钮，启动喷浆机。开始上料，进行喷浆。确认完毕。 12. 停机前，首先停止加料，待喷头处无物料喷出时，关闭供水截止阀；同时向料斗内加入少量湿沙石，以便将料斗和转子料腔中的残料冲洗干净；待喷头处无物料喷出时，停掉电机电源，关闭各气路截止阀，并将控制开关闭锁。确认完毕。 手指口述完毕	查设备 看风水 护管线 不得少 喷浆前 先冲洗 无浮矸 质量保 罩防尘 镜护目 人安全 是根本 配比率 要达标 两帮平 拱要圆 先停料 再停水 管路齐 清干净 勤洒水 养护好 质量好 年限长

43. 质量验收员

岗位	岗位描述	手指口述安全确认	三字经	
质量验收员	1. 负责对当班进尺、施工工序、质量进行验收。 2. 负责当班材料消耗数量验收，掌握易耗易损备品备件使用情况。 3. 负责对当班巷道清洁文明生产进行验收，对隐患问题进行查处，并督促整改落实。 岗位描述完毕	我是掘进队质量验收员××，我所施工的是××掘进工作面。我的岗位职责是负责对当班进尺、施工工序、工程质量进行验收；负责对当班材料消耗数量验收，掌握易耗易损备品备件；负责对当班巷道清洁文明生产进行验收，对隐患问题进行查处，并督促整改落实。 1. 检查工具、仪器、验收表携带齐全，完好合格，确认完毕。 2. 巷道成型，支护符合规程要求，确认完毕。 3. 锚杆/锚索眼深、外露、间排距、拉拔力符合规程要求，确认完毕。 4. 锚杆/锚索垂直巷道轮廓线符合规程要求，确认完毕。 5. 联网质量符合规程要求，确认完毕。 6. 综掘机切割深度、宽度、高度符合规程要求，确认完毕。 7. 各类缆线悬挂符合规程要求，确认完毕。 8. 风筒悬挂平直，无破口，符合规程要求，确认完毕。 9. 压风、洒水管路畅通，转载点及综掘机喷雾装置齐全，符合规程要求，确认完毕。 10. 验收记录已填写，确认完毕。 手指口述完毕	验收员 搞验收 高标准 顶底平 两壁直 验杆索 验质量 深浅适 盘贴面 竖成排 各指标 巷道渣 风水管 工器具 各缆线 巷积尘 各设备 机头尾 验收单 双方认	早下井 抓质量 严要求 拱要圆 墙裙无 校数量 角度正 外露均 扭拉足 横成行 均达标 清干净 接到位 不少数 分挂直 冲洗净 要完好 回渣净 写完整 字签好

44. 打眼工

岗位	岗位描述	手指口述安全确认	三字经	
打眼工	1. 坚持安全生产方针，树立安全第一的思想，遵守劳动纪律，坚守工作岗位，按章操作。 2. 熟悉爆破专业知识及相关规定，熟练掌握工作面爆破参数及技术要求。 3. 掌握打眼机具的结构、性能和原理，熟练操作和维修。 4. 严格执行作业规程和技术措施，熟记工作面炮眼布置图、爆破说明书、支护形式和质量要求等有关规定。 岗位描述完毕	我是掘进队打眼工，我叫××，在整个掘进流程中所担负的任务是钻眼工作。严格按照作业规程规定的炮眼布置图钻眼。保证钻眼的质量是我的职责。 1. 巷道无片帮、冒顶现象，顶板和支架完好牢固，支护良好，工作场所安全无隐患，确认完毕。 2. 临时支护已到位，确认完毕。 3. 压风管、供水管已接送至掘进工作面附近，确认完毕。 4. 检查管口内无脏、杂物；风、水管路完好畅通，接头连接牢固，确认完毕。 5. 长短套钎及相应钻头已配齐，注油器内油已装满，确认完毕。 6. 中、腰线和炮眼已按要求标出眼位，确认完毕。 7. 按照爆破图表的要求，已在钻杆上做好打眼深度标记，确认完毕。 8. 钻眼工具、设施已撤出工作面，风、水管阀门已关闭，软管盘放整齐，确认完毕。 手指口述完毕	打眼前 查顶板 衣三紧 先开水 湿式眼 有异常 眼深距 清两帮 清现场 收工后 管路盘	先停电 摘悬矸 两不要 后供风 是规定 钻立停 按图纸 无伞檐 无杂物 钻挂稳 交好班

45. 爆破工

岗位	岗 位 描 述	手指口述安全确认	三字经
爆破工	1. 坚持安全生产方针，树立安全第一的思想，遵守劳动纪律，坚守工作岗位，按章操作。 2. 熟悉爆破专业知识及相关规定，熟练掌握工作面爆破参数及技术要求。 3. 作业前必须对爆破母线长度及爆破器具全面检查。 4. 坚持"一炮三检"和"三人连锁"爆破制。 5. 当班没有处理完的瞎炮，必须在现场向下一班爆破工交代清楚瞎炮的位置、方向、深度等有关情况。 6. 严格执行火工品领退管理制度。 7. 及时填写爆破作业原始记录。 岗位描述完毕	我是掘进队爆破工，我叫××，熟悉爆破器材的性能和《煤矿安全规程》中有关条文的规定，熟悉矿井避灾路线。 1. 巷道无片帮、冒顶现象，顶板和支架完好牢固，工作场所安全无隐患，避开机械、电气设备，巷道通风良好，可以装配起爆药卷，确认完毕。 2. 电雷管顺好，脚线扭结成短路，装配起爆药卷数量不超，确认完毕。 3. 爆破地点支架已进行加固并严格执行"一炮三检"和"三人连锁"制度，确认完毕。 4. 按照爆破图表的要求，按设计装药量将药包装好，两脚线末端已扭结，确认完毕。 5. 封泥时，封泥长度不小于 0.6 m，符合规定，确认完毕。 6. 敷设爆破母线时，爆破母线与脚线、发爆器连接前已扭结短路，确认完毕。 7. 在连线爆破前，使用携带便携式甲烷检测仪检查瓦斯值，第二次瓦斯检查不超限，并已记录数据，确认完毕。 8. 警戒时，拉起警戒牌、拉绳等标识，实行"三人连锁"爆破，确认完毕。 9. 爆破时使用远程爆破喷雾，电雷管起爆后，拔出钥匙将母线从发爆器接线柱上摘下，并扭结短路；拔出发爆器钥匙，确认完毕。 10. 爆破后，等足时间，确认无瞎炮。清点剩余电雷管、炸药，填好消退单，在核清领取数量与使用及剩余数量相符，确认完毕。 手指口述完毕	爆破员　岗关键 特殊证　带身边 各规定　铭心间 领雷管　带炸药 分开放　禁碰撞 爆破图　要记牢 备用泥　不能少 时控卡　必填好 炮三检　三保险 细操作　不厌烦 爆破时　人撤净 一人定　专人连 脚线接　勿错乱 炮响完　细勘验 排哑炮　才能进 各记录　填齐全 雷管盒　余炸药 清点全　交药库

六、机　电　篇

46. 机电队队长

岗位	岗 位 描 述	手指口述安全确认	三字经
机电队队长	1. 负责本队的日常安全管理工作。 2. 搞好机电现场管理和设备维修、保养，提高设备完好率。 3. 负责编制本队范围内机电设备各项管理制度、操作规程、岗位责任制和各项安全技术措施，并组织贯彻落实。 4. 负责每周的机电安全活动，开展安全检查，对影响安全生产的事故隐患及时处理。 岗位描述完毕	我是机电队队长××，主要负责矿井各大型设备机房、井筒设施、灯房等的安全管理工作。现我队共有××名职工，其中包括1名队长，3名副队长，1名技术员，××名工人，分××个机电小队。我队实行"三八"工作制，职工精神状态良好。 一、岗前安全确认 安全帽扣好、服装穿戴符合要求，系好工作服纽扣，扎紧工作服的领口、袖口，确认完毕。各防护用品佩戴齐全，确认完毕。 二、模拟口述机房检查 1. 环境卫生整洁，各项安全设施齐全。 2. 设备运转正常，温度、声音等指示正常。 3. 各项检查运行记录台账齐全。 4. 岗位司机证件佩戴齐全，劳保穿戴整齐。 手指口述完毕	电老虎　不讲情 抓安全　搞机电 建制度　管绩效 细分工　重现场 管设备　管资产 管工程　管维修 变电所　主扇房 风机房　水泵房 全管理　保正常 抓规程　勤保养 修旧废　降成本 严管理　保运行

47. 机电队副队长

岗位	岗 位 描 述	手指口述安全确认	三字经
机电队副队长	1. 负责本队的日常安全管理工作。 2. 搞好机电现场管理和设备维修、保养，提高设备完好率。 3. 负责编制本队范围内机电设备各项管理制度、操作规程、岗位责任制和各项安全技术措施，并组织贯彻落实。 4. 负责每周的机电安全活动，开展安全检查，对影响安全生产的事故隐患及时处理。 岗位描述完毕	我是机电队副队长××，主要负责矿井各大型设备机房、井筒设施、灯房等的安全管理工作。现我队共有××名职工，其中包括1名队长，3名副队长，1名技术员，××名工人，分××个机电小队。我队实行"三八"工作制，职工精神状态良好。 一、岗前安全确认 安全帽扣好、服装穿戴符合要求，系好工作服纽扣，扎紧工作服的领口、袖口，确认完毕。各防护用品佩戴齐全，确认完毕。 二、模拟口述机房检查 1. 环境卫生整洁，各项安全设施齐全。 2. 设备运转正常，温度、声音等指示正常。 3. 各项检查运行记录台账齐全。 4. 岗位司机证件佩戴齐全，劳保穿戴整齐。 手指口述完毕	班组多　要分管 常下井　去一线 查机运　查安全 精维修　重保养 控质量　降成本 查制度　看落实 查问题　及时办 出事故　找原因 细分析　诊病患 强技能　苦钻研 创效益　保运转

48. 机电队技术员

岗位	岗 位 描 述	手指口述安全确认	三字经
机电队技术员	1. 负责本队的安全生产和技术管理工作，对机电技术负全面责任。 2. 加强安全生产教育，认真贯彻《煤矿安全规程》和《操作规程》，严禁职工违章作业。 3. 负责与专业相关的技术工作，协助队长制定各项规章制度。 4. 负责编制与专业相关的施工措施，并上报有关部门审批，负责措施的传达、贯彻。 5. 协助队长搞好设备管理。 6. 定期组织检查、调试机电设备的安全保护装置，确保灵敏可靠、安全运转。 7. 组织搞好业务技术知识学习，按月提出设备主要备品、配件计划。 岗位描述完毕	我是机电队技术员××，主要负责我队技术管理工作。 1. 编制大中小修计划及配件和安全施工计划。 2. 负责有关机电设备设计、安装、检修工作。 3. 核查设备配件计划，配件计划详细，内容齐全，确认完毕。 4. 编制检修施工计划，贯彻落实安全措施，施工计划编写周详，安全措施已经贯彻，确认完毕。 手指口述完毕	编规程 写措施 绘图纸 写报告 做资料 编计划 抓验收 保质量 小改革 利废旧 优方案 提工效 重技术 推用新 重培训 强业务 提技能 强素质

49. 机电队班组长

岗位	岗 位 描 述	手指口述安全确认	三字经
机电队班组长	1. 在队长的领导下负责当班的安全生产工作。 2. 配合队长做好当班的安全检修，协调好当班工作，确保检修质量。 3. 深入现场，及时发现和解决安全生产中存在的问题。 4. 负责处理机电故障，保证设备正常运转，保证机电设备和环境状况处于良好状态。 5. 做好机电设备的维护保养，确保设备达标运行。 6. 坚持班前、班中、班后对工作现场进行巡回检查，对巡回检查发现的问题及时处理。 7. 针对班组反映的问题和自检问题及时进行解决。 岗位描述完毕	我是机电队××班班组长××，主要负责本班机电设备检修、维护等安全生产工作。 一、岗前安全确认 安全帽扣好、服装穿戴符合要求，系好工作服纽扣，扎紧工作服的领口、袖口，确认完毕。各防护用品佩戴齐全，确认完毕。 二、危险源识别描述 1. 井下顶板跌落伤人。防护措施：戴好安全帽，注意观察。 2. 高空作业跌落危险。防护措施：系好安全带。 手指口述完毕	带班组 搞机电 抓安全 保运转 班前会 要开好 学措施 讲安全 工器具 准备好 抓维修 保质量 勤检查 勤汇报 班与班 交接好

50. 35 kV/10 kV 变电站值班员

岗位	岗位描述	手指口述安全确认	三字经
35 kV/10 kV 变电站值班员	1. 持证上岗，熟悉变压器的配备、功率、性能参数。2. 熟悉开关柜的配备、参数及供电范围。3. 经常对设备进行巡回检查，熟悉各项操作规程和各种规章制度。4. 做好当班记录，不离岗、睡岗，严格执行交接班制度。5. 正确熟练使用各类工器具及防护用品。岗位描述完毕	我是 35 kV/10 kV 变电站值班员××，主要负责本班变电站的设备开停工作。一、接班 1. 证件佩戴、有效。2. 工作服及劳动防护穿戴正确。3. 身体、精神状态良好。4. 班前未喝酒。二、巡检 1. 变压器运行正常，温度和声音正常。2. 高、低压开关柜运行正常。3. 各仪器仪表显示正常。4. 防护用品齐全、可靠、有效。5. 消防器材齐全、有效。6. 设备环境整洁。7. 各类记录齐全、正确。三、交班 1. 设备运行正常。2. 消防器材齐全、有效。3. 防护用品齐全、可靠、有效。4. 环境整洁。5. 各类记录齐全、正确。手指口述完毕	值班员　不轻松 技术活　责任重 风机房　把好关 主副井　绞车房 责任心　要加强 守岗位　不远离 配电房　最重要 勤观察　不睡觉 按措施　莫违章 懂原理　会操作 保可靠　保运转 变电所　线路多 看懂图　熟操作 停送电　要仔细 严规程　严考核

51. 地面电工

岗位	岗位描述	手指口述安全确认	三字经
地面电工	1. 持证上岗，熟悉供电系统，熟悉电气设备和电缆线路的主要技术特征以及电缆的分布情况。2. 熟悉电气设备的结构、性能、工作原理、各种保护的原理和检查试验方法。3. 熟悉电气设备的完好标准，负责电气设备的停送电和维护、保养、维修。4. 能够熟练使用各类工器具及防护用品。5. 负责电气事故的应急处理，熟悉各项操作规程和各种规章制度。岗位描述完毕	我是××班地面电工××，主要负责本班地面变电站的设备开停、检修和维护等安全生产工作。一、上班 1. 证件佩戴、有效。2. 工作服及劳动防护穿戴正确。3. 工具携带齐全、完好。4. 身体、精神状态良好。5. 班前未喝酒。二、停电 1. 停电工作票符合要求。2. 绝缘靴、绝缘手套穿戴完好。3. 验电笔电压等级符合要求。4. 接地线完好。5. 停电开关与工作票一致。6. 断路器已分闸。7. 负荷闸刀闸已拉开。8. 停电牌已挂设。9. 开关已验明无电。10. 开关已放电。11. 接地线已挂设。三、送电 1. 工作服及劳动防护穿戴正确。2. 绝缘靴、绝缘手套穿戴完好。3. 工作票符合要求。4. 送电牌已摘除。5. 接地线已拆除。6. 停电牌已摘除。7. 电源闸刀闸已合上。8. 负荷闸刀闸已合上。9. 断路器已合闸。四、检修 1. 工作服及劳动防护穿戴正确。2. 绝缘靴、安全帽穿戴完好。3. 电工工具齐全完好。4. 开关已停电闭锁。5. 停电牌已挂设。6. 接地线完好。7. 验电笔电压等级符合要求。8. 设备已验明无电。9. 各部件接线正确，压接牢靠。10. 设备卫生已清理。11. 保护整定正确，灵敏可靠。12. 电工工具清点齐全。手指口述完毕	查证件　看佩戴 防护品　全正确 查工具　均齐全 看精神　均良好 停送电　工作票 验电笔　查电压 接地线　要分闸 负荷端　断路器 闸刀闸　须拉开 停电牌　要挂设 查开关　要放电 查压接　要牢靠 看卫生　已清理 各保护　要可靠 工器具　莫遗忘

52. 井下变电所值班员

岗位	岗位描述	手指口述安全确认	三字经	
井下变电所值班员	1. 持证上岗，熟悉变压器的配备、功率、性能参数，熟悉开关柜的配备、参数及供电范围。 2. 经常对设备进行巡回检查，熟悉各项操作规程和各种规章制度。 3. 做好当班记录，不离岗、睡岗，严格执行交接班制度。 4. 正确熟练使用各类工器具及防护用品。 岗位描述完毕	我是井下变电所值班员××，主要负责本班变电所的设备开停工作。 一、上班 1. 证件佩戴、有效。2. 工作服穿戴正确。3. 安全帽符合要求、帽带系好。4. 矿灯、自救器佩戴完好。 二、接班 1. 证件佩戴、有效。2. 自身工作服及劳动防护穿戴正确。3. 身体、精神状态良好。4. 班前未喝酒。 三、巡检 1. 变压器运行正常，温度和声音正常。2. 高、低压开关柜运行正常。3. 各仪器仪表显示正常。4. 防护用品齐全、可靠、有效。5. 消防器材齐全、有效。6. 设备环境整洁。7. 各类记录齐全、正确。 四、交班 1. 瓦斯浓度符合规定。2. 设备运行正常。3. 消防器材齐全、有效。4. 防护用品齐全、可靠、有效。5. 环境整洁。6. 各类记录齐全、正确。 手指口述完毕	值班员 责任心 守岗位 变电室 勤观察 按措施 懂原理 保可靠 变电所 会看图 停送电 守规章	不轻松 重要加强 不远离 最重要 不睡觉 莫违章 会操作 保运转 线路多 要仔细 严执行

53. 井下电钳工

岗位	岗位描述	手指口述安全确认	三字经	
井下电钳工	1. 在班组长的领导下，坚守工作岗位，坚持交接班制，保证机电设备安全运转，完成生产任务。 2. 负责所管辖范围内电气设备的检查工作，一班不少于两次巡回检查。 3. 当班发生问题应及时处理，不遗留。如果当班处理不了时，应及时向有关单位和领导汇报。 4. 熟悉所管辖范围内的供电线路、开关与设备的负荷情况。 5. 严格执行安全规程和操作规程的规定，对防爆设备要保持良好的防爆性能。电缆、水管要排列悬挂整齐，严格执行停送电制度。 6. 负责分管设备和硐室的清洁卫生，做到文明生产。 岗位描述完毕	我是××班井下电钳工××，主要负责本班工作面设备开停、检修和维护等安全生产工作。 一、上班 1. 证件佩戴、有效。2. 工作服及劳动防护穿戴正确。3. 工具齐全完好。4. 身体、精神状态良好。5. 班前未喝酒。6. 瓦斯便携仪佩戴完好。 二、停电 1. 瓦斯浓度符合要求。2. 顶板、帮支护完好，安全。3. 工作服及劳动防护穿戴正确。4. 停电工作票符合要求。5. 绝缘靴、绝缘手套穿戴完好。6. 验电笔电压等级符合要求。7. 接地线完好。8. 停电开关与工作票一致。9. 断路器已分闸。10. 负荷闸刀闸已拉开。11. 停电牌已挂设。12. 开关已验明无电。13. 开关已放电。14. 接地线已挂设。 三、送电 1. 瓦斯浓度符合要求。2. 顶板、帮支护完好，安全。3. 工作服及劳动防护穿戴正确。4. 绝缘靴、绝缘手套穿戴完好。5. 工作票符合要求。6. 送电开关与工作票一致。7. 接地线已拆除。8. 停电牌已摘除。9. 电源闸刀闸已合上。10. 负荷闸刀闸已合上。11. 断路器已合闸。 四、检修 1. 瓦斯浓度符合要求。2. 顶板、帮支护完好，安全。3. 工作服及劳动防护穿戴正确。4. 绝缘靴、安全帽穿戴完好。5. 电工工具齐全完好。6. 开关已停电闭锁。7. 停电牌已挂设。8. 接地线完好。9. 验电笔电压等级符合要求。10. 设备已验明无电。11. 按程序检修。12. 各部件接线正确、压接牢靠。13. 设备卫生已清理。14. 保护整定正确、灵敏可靠。15. 电工工具清点齐全。 手指口述完毕	当电工 责任大 学技术 要上岗 三知道 常温习 电缆线 检修时 先停电 要失爆 机电工 标准活 关硐室 挂电缆 刮板机 槽头尾 双风机 有闭锁 小绞车 压钑柱 管皮带 六保护 煤电钻 负荷大 立即停 整定值 交接班 无事故	在井下 担子重 要求精 须有证 四会干 记心间 小电气 要心细 再修理 危害多 练硬功 记心中 照标准 按规定 平直顺 要压紧 双电源 会倒台 安装好 打牢靠 不跑偏 都齐全 溜煤槽 电流高 原因找 仔细算 要三严 保安全

54. 机修工

岗位	岗位描述	手指口述安全确认	三字经
机修工	1. 持证上岗，熟悉所修机械的构造、性能、原理。 2. 负责机械设备的维护、保养、维修。 3. 能够熟练使用各类工器具及防护用品。 4. 熟悉各项操作规程和各种规章制度。 岗位描述完毕	我是××班机修工××，主要负责本班井下机械设备的维护、保养、维修等工作。 一、上班 1. 证件佩戴、有效。2. 工作服及劳动防护穿戴正确。3. 工具齐全完好。4. 身体、精神状态良好。5. 班前未喝酒。 二、维修 1. 环境安全、符合要求。2. 现场安全措施落实到位。3. 现场防护设施到位。4. 警示标识到位。5. 配件合格齐全完好。6. 材料合格齐全、符合要求。7. 电源无明接头、不漏电。8. 开关停电、闭锁。9. 工具已收好。10. 周围环境无隐患。11. 记录已填好。12. 设备完好、试运转正常，具备运转条件。 三、高空作业 1. 工作服及劳动防护穿戴整齐、正确。2. 安全带生根牢靠。3. 工具齐全、绑扎牢靠。4. 人员站位安全。 四、起吊 1. 钩头完好、满足要求。2. 钢丝绳完好、符合规定。3. 起吊鼻完好、满足要求。4. 起吊工具完好、满足要求。5. 起吊生根牢靠。6. 人员站位安全。7. 起吊环境安全。 五、搬运 1. 搬运工具齐全、完好、满足要求。2. 运输车辆完好、满足要求。3. 道路平整、畅通。4. 退路畅通。5. 固定牢靠。6. 人员站位安全。 手指口述完毕	懂原理　懂构造 懂性能　会操作 会保养　会排障 强技能　保运转 操作前　全停电 挂上牌　工具全 打开关　须验电 戴手套　须绝缘 电笔点　确认后 按程序　细检查 高位作　不蹚空 安全帽　头顶戴 安全带　生命线 安全网　要绑牢 操作完　严执行 谁停电　谁送电

55. 水泵司机

岗位	岗 位 描 述	手指口述安全确认	三字经
水泵司机	一、岗位职责 1. 在班组长的领导下按时参加班前会，接受本班任务，汇报本班情况。 2. 严格执行交接班制度，坚守工作岗位，遵守劳动纪律。 3. 严格执行操作规程规定，熟悉和掌握水泵各部件的运转性能，保证设备的安全运转。 4. 按时注油和检查，做到四检查、一注油。保证设备零部件齐全，完整紧固。 5. 负责泵房及周围的清洁卫生工作，保证设备完好整齐、无积尘，工具、备件堆放整齐，做到文明生产。 6. 负责水泵检修后的试运转和验收工作。 7. 负责领取与保管机房内的工具、材料、配件。 8. 按时认真填写运行日志。 二、操作对象 现有水泵××台，型号××，功率××kW，流量××m³/h。 三、操作顺序 1. 启动。向水泵内充满水—操作启动设备，启动水泵电机—水泵达到正常转速后，打开水泵排水阀门—完成水泵启动—正常排水。 2. 停机。关闭水泵出水口阀门—断电停机。 岗位描述完毕	我是××班水泵司机××，主要负责本班水泵开停工作。 一、水泵启动前准备工作 1. 检查螺栓。手指口述：设备各部件螺栓等紧固件无松动。 2. 检查防护罩和联轴器。 手指口述：防护罩完好可靠，联轴器间隙符合规定。 3. 检查缆线连接。 手指口述：电机、开关接线良好，接地装置完好无松动。 4. 检查水泵。 手指口述：盘转水泵一圈，检查泵组是否转动灵活，盘根是否松紧适当、有无卡阻现象。 二、启动水泵 1. 启动水泵。 手指口述：启动水泵电机，打开出水阀门。 2. 检查水泵运行。 手指口述：水泵运行平稳，无杂音，排水正常。 三、停水泵 1. 停水泵。 手指口述：关闭出水阀门。 2. 切断电源。 手指口述：切断电动机电源。 3. 填写记录。 手指口述：填写巡回检查记录。 手指口述完毕	懂设备　排故障 熟操作　勤维护 众仪表　勤观测 各数据　记录全 遇变化　速处理 守制度　尽职责

56. 氧、电焊工

岗位	岗 位 描 述	手指口述安全确认	三字经
氧、电焊工	一、岗位职责 1. 严格遵守车间各项规章制度，按照车间安排在班长的带领下从事氧焊加工的制作任务，按质量完成当班作业计划，并对加工制作件的质量负全责。 2. 加强业务学习，不断提高识图能力。在实施加工前首先要看懂加工图纸，掌握加工要求，对所加工材料进行准确计算，工作中要按照氧、电焊工安全技术操作规程认真作业。 3. 正确使用氧割和焊接设备，并做好维护、保养工作以延长其使用寿命。对于所使用的画线工具要精心爱护。由于工作不负责任，乱扔乱放，造成工具、量具丢失、损坏时要按规定予以赔偿。 4. 工作时按规定穿戴好劳保服装及用品，防止触电和烧伤事故的发生。工作后清扫场地，将剩余材料整理归类，关闭设备，将氧气、乙炔带及焊把线盘挂在指定位置。 二、操作对象 电焊机型号××，（直流/交流），电压××V。 三、操作顺序 （一）气罐 1. 开启氧气阀门—开启氧气减压器，调至所需压力—开启乙炔阀门—开启乙炔减压器—调至所需压力—打开焊割枪氧气阀门—打开焊割枪乙炔阀门—点火—焊割—关闭焊割枪氧气阀门—关闭乙炔气阀门—整理现场。 2. 调节电流—合闸—开启电焊—施焊—关闭。 电焊方法：选择和工件相适应的焊条材质、直径和电流。 （二）焊机 1. 调节电流—合闸—开启电焊—施焊—关闭。 电焊方法：选择和工件相适应的焊条材质、直径和电流。 2. 在高焊接时必须注意铁渣的去处，防止伤人或引起火灾，必须时设板挡之。 3. 焊接地点与易燃物件不得近于 10 m。 4. 焊接：修理有残留易燃物的容器时，焊接人必须清理内部。须用开水、蒸汽、火碱等刷洗，并将容器盖打开进行工作，此外必须人监护。 5. 电焊机无论使用多长时间，必须使外壳接地，不准将电线缠在身上工作。 6. 移动、休息、换线时必须先切断电源。 7. 电焊时，必须穿好工作服，扎好袖口，不准赤臂、半裸工作。 8. 电焊时，必须戴长筒双层手套，在潮湿处须穿绝缘胶鞋工作，如在淋雨时工作须另采取有效措施。 9. 雷雨天及大风时应避免露天作业。 10. 在井下工作时，必须按所制定的措施进行作业。 11. 工作结束时要断开电源，整理好工具与场地。 岗位描述完毕	我是××班氧、电焊工××，主要负责矿井机械设备的维护、保养、维修等工作。 1. 防护用具、措施。 手指口述：防护用具穿戴整齐，按措施要求进行施工，已确认。 2. 压力表。 手指口述：氧气减压表、乙炔压力表完好，已确认。 3. 氧气、乙炔距离。 手指口述：氧气、乙炔间距 5 m 以上并在距动火点 10 m 以外的上风流侧放置符合标准，已确认。 4. 电焊机接地线。 手指口述：电焊机接地线打设符合规定，已确认。 5. 电焊机。焊把、地线接头紧固，绝缘无漏电，已确认。 6. 工作地点。 口手指述：阀门关闭，已对现场进行洒水，无残留火源隐患，已确认。 手指口述完毕	电气焊 按措施 作业中 劳保品 特设备 有安标 涉危品 依法规 警示标 熟规技	不平常 莫违章 守规程 齐佩戴 检合格 方可用 部门批 按标准 时刻挂 知应急

57. 输送机检修工

岗位	岗 位 描 述	手 指 口 述	三字经
输送机检修工	一、岗位职责 1. 熟悉输送机的性能、操作技术，负责管理输送机及其附属设备。 2. 坚守岗位，遵守操作规程，认真检查输送机机头、各部位的螺栓，托辊转动是否灵活，润滑系统要按规定注油，及时清理输送带下浮煤杂物，保持机头、机尾、输送机走廊清洁卫生。 3. 严禁倒开输送机，严禁输送机乘人及运材料、设备、配件等。 4. 对输送机各种保护经常检查、调试，确保完好，保证输送机正常运转。 二、操作对象 输送机型号××，电机型号××。 三、操作方法 1. 到达作业现场后，首先向当班输送机司机询问输送机运行情况，检查输送机运转记录，然后巡查整部输送机，进行隐患排查、危险源辨识及事故预想。 2. 检查完毕明确当班的检修内容后，优先解决影响生产的问题。确认所使用的材料、工具、配件已准备齐全。 3. 检修时遵循不安全不生产原则，检修任何部位都必须将开关闭锁、挂警示牌，并派专人看管，方可进行工作。 4. 如果在输送机中部检修，必须将拉线闭锁开关拉至闭锁状态。 岗位描述完毕	我是××班输送机检修工××，主要负责本班井下输送机的维护、保养、维修等工作。 1. 检查各种保护装置。 手指口述：各种保护装置灵敏可靠。 2. 检查各接头。 手指口述：各接头牢固可靠。 3. 检查减速器、电机。 手指口述：减速器、电机正常。 4. 检查主滚筒。 手指口述：主滚筒轴承温度正常，无异常振动。 5. 检查托辊、机架。 手指口述：托辊灵活、机架牢固完好。 6. 检查开关。 手指口述：输送机开关已停电、闭锁、挂牌。 7. 启动试运转。 手指口述：启动试运正常。 手指口述描述	检修工　不轻松 多出煤　有大功 要想叫　皮带转 出大力　流大汗 尽职守　不乱走 勤检修　不出病 小隐患　要看清 两眼看　两耳听 有异常　及时停 浮煤多　抓紧清 螺栓松　经常拧 振动筛　给煤机 一旦堵　快处理 看看绳　松不松 看带面　满不满 管皮带　不跑偏 六保护　都齐全 防事故　小处见 完任务　靠全员 运输通　是关键 作业时　按规章 尽到心　保运转

58. 压风机司机

岗位	岗位描述	手指口述安全确认	三字经
压风机司机	一、岗位职责 1. 在班组长的领导下搞好设备运行，确保井下工作面风动设备持续有效供风。 2. 认真检查设备，保证设备处于完好状态。 3. 严格执行操作规程，认真进行巡回检查工作，认真填写运行日志。 4. 严格执行现场交接班制度，认真遵守八小时工作制。 5. 严格执行出入要害场所登记制度。 6. 负责安全用具、配件材料和仪表的保管工作。 二、操作对象 现有压风机××台，型号××。 三、操作顺序 1. 启动。 启动辅助设施—开启冷却水—按要求操作有关闸阀，人为卸荷—注润滑油—启动电机—电机达到正常转速后解除人为卸荷—进入正常工作状态。 2. 停机。 人为卸荷—断电停止电动机运转—解除人为卸荷—关闭冷却水和辅助设施。 岗位描述完毕	我是××班压风机司机××，主要负责本班压风机的开停等工作。 一、开机前准备工作 1. 清理压风机污物。 手指口述：压风机的油脂及污物已清理。 2. 检查排气管路与储气罐连接。 手指口述：排气管路与储气罐连接可靠。 3. 启动负荷。 手指口述：负荷启动，减压阀已关闭。 4. 检查电机开关。 手指口述：电机和开关完好。 5. 检查各仪表及接地良好。 手指口述：各仪表完好可靠，电气设备接地良好。 二、启动时 1. 启动电机。 手指口述：电动机已启动，空压机空转，运行正常。 2. 启动负荷。 手指口述：减压阀已打开，空压机带负荷运行正常。 三、检查各仪表 手指口述：各仪表显示值正常。 四、检查设备运转 手指口述：检查各机件是否有异常声响，并做好记录。 五、停机时 手指口述： 1. 减荷阀关闭。 2. 空压机进入空载运行，已按下控制柜上的停止按钮确认完毕。 3. 电机停转，空压机停止运行。 4. 待空压机冷却至室温，停运空压机。 手指口述完毕	懂设备　排故障 熟操作　勤维护 众仪表　勤观测 各数据　记录全 遇变化　速处理 守制度　尽职责

七、运 输 篇

59. 运输队队长

岗位	岗 位 描 述	手指口述安全确认	三字经	
运输队队长	1. 组织全队认真贯彻执行国家及上级有关法律、法规、规定。 2. 负责机运队内部人员分工、任务分配、劳动纪律管理、绩效考核，按规定进行工资分配。 3. 指派专人做好本队所用设备、材料、工器具、仪器仪表、办公桌椅、电脑及其他资产、物品的管理。 4. 组织编制本队机电运转所需及队内各项管理制度和机运设备操作规程，并抓好贯彻落实。 5. 组织编制机运安装工程、机运维修工程所需的作业规程、安全技术措施。 6. 准时参加调度会、生产会，组织开好本队班前会。 7. 组织编制年、季、月度机运计划，将计划分解到班组，并督促实施。 8. 抓好现场机运作业工程质量和设备维修质量，确保机运工程质量优良率100%、设备完好率95%以上。 9. 抓好本队安全管理和安全生产标准化工作，杜绝各类安全、机运事故。发生事故时，及时组织队内自救互救，防止事故扩大，并及时向调度和有关领导汇报。如实汇报事故原因、经过，配合事故调查，组织落实整改措施。 岗位描述完毕	我是运输队队长××，现我队共计××名职工，其中队长1名、副队长××名、技术员××名、工人××名；共分××个班，其中生产班××个、检修班××个。我队实行的是"三八"工作制，职工精神状态均良好，现我队主要负责主运输和辅助运输系统的运行、维护工作。 手指口述完毕	运输队 要出煤 主运输 设备多 勤协调 强纪律 抓班组 马达响 精维修 小病患 戒麻痹 出事故 头等事 两个字 强技能 创效益	是车头 靠运输 辅运输 环节多 会分配 严落实 树典型 机器转 重保养 早治疗 勿大意 一瞬间 切莫忘 是安全 优系统 保运转

60. 运输队副队长

岗位	岗 位 描 述	手指口述安全确认	三字经	
运输队副队长	1. 在队长领导下，协助队长做好分管班组的安全、生产、班组管理工作。 2. 经常下井深入机运作业现场，全面掌握机运作业动态安全、生产情况，整改好各项问题。 3. 负责组织编制分管班组施工所需的安全技术措施，并亲临现场组织实施。 4. 严格分管班组机运工程质量管理，按安全生产标准化要求负责分管班组作业动态达标，负责领导和考核分管班组，做好分管班组机运工程质量验收。 5. 负责检查分管班组的出勤、安全、生产质量、成本消耗、劳动定额、工时利用、劳动纪律和执行规章制度等情况，发现问题及时处理和纠正，抓好业务安保工作。 6. 组织或参加机运事故处理、分析，负责查清事故原因和责任者，严格落实整改措施。 岗位描述完毕	我是运输队副队长××，现我队共计××名职工，其中队长1名、副队长××名、技术员××名、工人××名；共分××个班，其中生产班××个、检修班××个。我队实行的是"三八"工作制，职工精神状态均良好，现我队主要负责主运输和辅助运输系统的运行、维护工作。 手指口述完毕	当副手 管安全 多协调 进现场 严要求 抓班组 分工细 高标准 降成本 反"三违" 细分析 纪律严 血泪案	要尽责 保生产 勤汇报 熟情况 重落实 塑团队 定岗员 严质量 除隐患 防事故 找原因 措施当 切莫忘

43

61. 运输队班组长

岗位	岗 位 描 述	手指口述安全确认	三字经
运输队班组长	1. 在队长领导下，协助做好本班组的各项工作，是本班组的生产、安全、班组管理第一责任人。 2. 根据实际情况建立健全班组各项管理制度，组织好落实，并严格执行班组内检查考核。 3. 认真学习贯彻执行机运作业规程和各项安全技术措施。 4. 组织开好班前、班后会。班前会上，合理组织班组生产，分解生产指标，并将工作所需的工具、材料、配件等准备齐全。班后会上负责总结本班组工作情况。 5. 严格按作业规程和安全技术措施的规定组织机运作业，及时解决机运作业过程中材料消耗、工具使用、设备维护、安全生产等问题。并检查本班组任务的完成情况及工程质量。 6. 负责与下班同班组现场交接班，填写交接班日志，并将当班情况向接班班长交接清楚，存在问题及时向队内汇报。 7. 发生各种事故时，积极组织自救互救，减轻或降低事故影响，并及时汇报，当发生不可抗拒的灾害时，立即组织全班人员按避灾路线撤离到安全地点。 岗位描述完毕	我是××班运输队班组长××，现我队共计××名职工，其中队长1名、副队长××名、技术员××名、工人××名；共分××个班，其中生产班××个、检修班××个。我队实行的是"三八"工作制，职工精神状态均良好，现我队主要负责主运输和辅助运输系统的运行、维护工作。我现在正在跟班、带领××班，进行××作业。 手指口述完毕	班组长要细心抓管理遇问题建规章严考核备件齐岗位中除隐患坚基础	先锋官负责任嘴脚勤先停机立制度强落实交接清做主人严准狠创水平

62. 运输队技术员

岗位	岗 位 描 述	手指口述安全确认	三字经
运输队技术员	1. 在队长领导下，负责机运队的技术管理工作，对全队安全、机电运转作业工程质量及作业负技术管理责任。 2. 负责编制和审查材料、备品配件计划和技术业务管理制度。 3. 负责编写本队机运作业规程、操作规程和各类安全技术措施，并组织全队职工认真贯彻落实。经常深入机运作业现场，检查执行落实情况。 4. 负责编制工作计划、规划、施工措施方案、停产检修计划。 5. 负责本队技术资料档案管理，负责图纸绘制和向上级报送技术资料。 6. 积极推广新设备、新技术、新工艺，提高本队安全生产技术水平。 7. 经常组织本队职工进行业务学习，提高职工技能、业务素质和安全意识，提高职工安全、生产的能力。 8. 参与本队事故、故障的追查分析，制定技术防范措施，防止类似事故的再次发生。 岗位描述完毕	我是运输队技术员××。 手指口述： 1. 规程、措施已经编制完成。 2. 图纸绘制完毕。 3. 资料整理完毕。 4. 计划编制完成。 经验收，工程质量符合要求。 手指口述完毕	编规程绘图纸队资料强技能提素质	写措施全完成全整理防事故强基础

63. 带式输送机司机

岗位	岗 位 描 述	手指口述安全确认	三字经
带式输送机司机	一、岗位职责 1. 熟悉带式输送机的性能、操作技术，负责管理好带式输送机及其附属设备。 2. 坚守岗位，遵守操作规程，认真检查输送带接头、各部位的螺栓，托辊转动是否灵活，润滑系统要按规定注油，及时清理输送带下浮煤杂物，保持机头、机尾、带式输送机走廊清洁卫生。 3. 严禁倒开带式输送机，严禁带式输送机乘人，运材料、设备、配件等。 4. 运转中设备发生不正常情况应立即停车，汇报队值班室和调度室，配合维修工处理好后方可开机。 5. 对带式输送机各种保护经常检查、调试，并确保完好，保证带式输送机正常运转。 二、操作对象 带式输送机型号××，电机型号××。 三、操作顺序 交接班—检查处理问题—发出信号试机运转—正式启动—运行检查—停机—清扫设备。 四、操作方法 1. 带式输送机司机上岗后，应检查带式输送机机头范围内有无障碍物或浮煤、杂物等安全隐患。 2. 开机前必须认真检查设备、开关仪表指示，一切正常后向带式输送机机尾发出开机信号，然后方可启动带式输送机。 3. 带式输送机托辊齐全、运转灵活，托架吊挂装置完整可靠，输送带接头完好，无撕裂、伤痕。 4. 运行中，必须检查带式输送机机头部运行情况，一旦发现问题要及时停机处理。 5. 尽量减少带式输送机启动次数，停机时将输送带上的渣运完，并向机尾发出信号。 6. 严禁运送物料和配件，严禁乘坐、跨越输送带。 7. 遇到临时故障需处理时，必须将开关打到零位并闭锁，悬挂"有人工作，严禁开机"警示牌，并派专人看管。 8. 带式输送机信号：一停二开，乱点急停车。 岗位描述完毕	我是××班带式输送机司机××，主要负责本班带式输送机的开停等工作。 一、班前安全确认 1. 检查机头20 m范围内环境。 手指口述：工作环境良好。 2. 检查信号、通信系统。 手指口述：信号、通信系统良好。 3. 检查防爆设施。 手指口述：机电设备防爆完好。 4. 检查防护、防尘设施。 手指口述：安全防护设施、制动系统和防尘设施完好可靠，确认完毕。 5. 检查消防器材。 手指口述：消防器材完好。 二、班中安全确认 1. 收到信号。 手指口述：开关已开启。 2. 启动带式输送机。 手指口述：带式输送机已启动。 3. 检查电机、减速器了。 手指口述：电机、减速器运行正常。 4. 检查各种保护装置。 手指口述：输送带各种保护无异常，灵敏可靠。 5. 检查主滚筒。 手指口述：主滚筒轴承温度正常，无异常振动。 6. 检查托辊、机架。 手指口述：托辊灵活、机架完好。 7. 检查操作系统。 手指口述：操作系统正常。 三、班后安全确认 1. 收到停车信号或指令发停车信号。 手指口述：已停车。 2. 检查带式输送机控制开关。 手指口述：带式输送机控制开关完好。 3. 检查本班设备运行情况是否记录。 手指口述：设备运行情况已记录清楚，可以交接班。 手指口述完毕	查环境 要安全 查信号 均良好 看系统 查防爆 看设施 查防护 查制动 全可靠 查防尘 均完好 查消防 须认真 查保护 看异常 查记录 要清楚

64. 无轨胶轮车司机

岗位	岗位描述	手指口述安全确认	三字经
无轨胶轮车司机	一、岗位职责 1. 负责运渣、运料和运人。 2. 负责胶轮车油位、水位的检查和补充。 3. 负责当班胶轮车的驾驶、维护和保养。 4. 严禁其他人员驾驶车辆。 5. 严格执行机动车驾驶规定和大巷胶轮车运行规定。 二、操作对象 胶轮车××台，型号××。 三、操作方法 1. 检查机器各部件连接是否牢固，有无松动现象。检查各操纵手柄有无连接松动、杆系卡滞现象。 2. 检查电气部分的连接情况。 3. 检查各部位有无不正常的声音及是否有漏油、漏水、漏气现象。 4. 检查各仪表读数及灯光信号是否正常。 5. 检查转向是否灵活，制动是否灵敏可靠。 6. 检查并紧固所有紧固处螺栓。 7. 按规定牌号、数量加注润滑油、水、液压油和燃油。 岗位描述完毕	我是××班胶轮车司机××，主要负责本班材料、人员的运输等工作。 一、班前安全确认 1. 检查劳保用品使用情况。 手指口述：劳保用品穿戴整齐。 2. 检查信号装置。 手指口述：信号正常。 3. 检查机器各部分。 手指口述：机器各部件连接牢固，无松动现象。 4. 检查各操作手柄及杆系。 手指口述：各操纵手柄无连接松动、杆系卡滞现象。 5. 检查电气接线。 手指口述：电气连线完好。 6. 检查各部位有无漏油、漏水、漏气现象。 手指口述：各部位无漏油、漏水、漏气现象。 7. 检查各仪表读数及灯光信号。 手指口述：各仪表读数及灯光信号正常。 8. 检查转向及制动。 手指口述：转向灵活，制动灵敏可靠。 9. 按规定牌号、数量加注润滑油、水、液压油和燃油。 手指口述：润滑油、水、液压油和燃油加注到位。 10. 检查消防器材。 手指口述：消防器材完好。 二、班中安全确认 1. 检查开车信号。 手指口述：开车信号完好。 2. 检查制动装置。 手指口述：制动装置完好。 三、班后安全确认 1. 检查胶轮车完好情况。 手指口述：胶轮车完好。 2. 检查胶轮车钥匙。 手指口述：胶轮车钥匙随身携带。 手指口述完毕	运输工　任务大 从矿山　到井下 交通法　新规定 规范车　约束人 人让车　车让人 车让车　畅通行 守规法　不喝酒 不冒险　不抢道 不麻痹　不疲劳 不赌气　不急躁 不超载　不乱停 不强行　不侥幸 绿灯行　红灯停 会车时　闭大灯 转弯时　要看明 有杂物　经常捡 车皮净　讲卫生 上人物　要分清 栅栏门　要关好 上下人　要留神 驾驶车　要平稳 捆绑绳　要扎紧 忠职守　不乱跑 按规矩　安全行

65. 无轨胶轮车入井检查员

岗位	岗 位 描 述	手指口述安全确认	三字经
无轨胶轮车入井检查员	1. 经培训持证上岗，熟悉车辆的性能，负责车辆入井前的车况检查。 2. 负责载人、载重检查，负责车辆驾驶过程中的安全。 3. 熟悉车辆入井的各种规章制度，做好当班车辆记录。 4. 严格遵守工作纪律，不离岗、睡岗，严格执行交接班制度。 岗位描述完毕	我是××班无轨胶轮车入井检查员××，主要负责本班出入井无轨胶轮车的安全检查等工作。 一、接班 1. 证件佩戴、有效。2. 工作服穿戴整齐、正确。3. 检查车辆、工具齐全可靠。4. 身体、精神状态良好。5. 班前未喝酒。 二、车辆检查 1. 车内外状况完好、外观清洁。 2. 油、气、液管路无跑冒滴漏。 3. 各部件齐全、无变形。 4. 随车瓦检仪、灭火器等设施齐全完好。 5. 制动闸系统灵敏、可靠。 6. 喇叭、车灯明亮，倒车声光报警正常。 7. 轮胎外表无损伤、气压正常。 8. 随车材料、工具准备齐全。 9. 车辆物品、易损件放置妥当。 10. 方向盘游隙、转向角度均正常。 11. 车辆无超员、超载、超高、超宽。 三、交班 记录填写齐全、规范。 手指口述完毕	查证件　要带全 查环境　要安全 查信号　均可靠 查防爆　要有效 查制动　看系统 查消防　均齐全 查保护　看异常 查记录　要清楚

66. 井下运料工

岗位	岗　位　描　述	手指口述安全确认	三字经
井下运料工	一、岗位职责 1. 负责本班的材料运输。2. 装车严格执行措施要求，"四超"料严禁装车。3. 运料时严格执行"行人不行车，行车不行人"制度。 二、操作对象 矿车××t，平板车××t，胶轮车运量××t。 三、操作顺序 检查行车线路及安全设施—检查车辆情况—装车—运输—卸料。 四、操作方法 1. 选好运输路线，清除障碍，选择合适的搬运方法。 2. 两人以上装料时必须互相照应，行动一致，要先起一头或先放一头，做到轻起轻放，不准盲目乱扔，以防扔料伤人或砸坏设备。 3. 卸料前先清理环境，防止卸料砸坏电气设备和管线及砸飞他物伤人。 4. 堆放物料时要按品种、规格分类摆放，整齐平稳，料堆要下宽上窄，并要保证行人行车的宽度和通风断面。 5. 在平巷装卸时必须先用木楔子将矿车稳住。 6. 在斜巷装料时不准摘钩，在斜巷装料时必须待车停稳后在料车下方安设车尾巴。 7. 斜巷运料时人员要躲开物料下方，避免物料滑落伤人。 8. 在斜巷下放物料时必须按规定挂车（包括数量、保险绳、车钩头等），正确使用信号及安全装置，严禁超挂车、放飞车等违规作业。 9. 及时向值班室汇报物料下运到达地点及数量情况，以便安排下一步工作，并将卸载物料现场与下班班长交接，做好记录。 岗位描述完毕	我是××班井下运料工××，主要负责本班井下材料运输等工作。 1. 检查装卸点管线、设备、设施保护。 手指口述：装卸点管线、设备、设施保护齐全。 2. 检查装卸点巷道支护。 手指口述：装卸点巷道支护完好。 3. 装车前检查车辆及连接装置。 手指口述：车辆及连接装置完好。 4. 装车时检查物料捆绑是否牢固。 手指口述：物料捆绑牢固可靠。 5. 装卸物料后现场情况。 手指口述：现场已清理，空车已运至指定地点。 手指口述完毕	运料工　任务重 从矿山　到物料 各关口　要人把 放重车　要留神 掉了道　要知道 送空车　要平稳 不超限　不超速 捆绑绳　要扎紧 车前后　要看清 无障碍　才运行 忠职守　不乱跑

67. 信号把钩工

岗位	岗 位 描 述	手指口述安全确认	三字经
信号把钩工	一、岗位职责 1. 主要负责斜井口（底）运输信号联系、把钩工作。 2. 负责斜井口（底）的警戒工作，严格执行斜坡运输管理规定。 3. 做到"行人不行车，行车不行人、不作业"。 二、操作方法 1. 班前检查信号、通信设备、钢丝绳、钩头、保险绳连接装置和挡车设施。 2. 收到信号后确认信号意义，并检查物料捆绑是否牢固，车辆有无超宽、超高、超重和重心不稳现象。 3. 在井口（底）放警戒，确保巷道内"行人不行车，不行人"。 4. 发现车辆掉道、翻车、脱钩跑车时及时停电并汇报。 5. 班后处理现场卫生，整理工具。 岗位描述完毕	我是××班信号把钩工××，主要负责辅助运输系统信号联系等工作。 一、班前安全确认 1. 检查信号是否完好。 手指口述：信号完好。 2. 检查钢丝绳。 手指口述：钢丝绳完好。 3. 检查保险绳。 手指口述：保险绳完好。 4. 检查钩头。 手指口述：钩头完好。 5. 检查挡车栏。 手指口述：挡车栏完好。 二、班中安全确认 1. 检查物料捆绑是否牢固，车辆有无超宽、超高、超重和重心不稳现象。 手指口述：物料捆绑牢固，车辆无超宽、超高、超重和重心不稳现象。 2. 下放车时检查巷道内有无人员，确保巷道内"行人不行车，行车不行人"。 手指口述：巷道内无行走、作业人员。 三、班后安全确认 1. 检查现场卫生。 手指口述：现场整洁、无杂物。 2. 检查工具、材料。 手指口述：工具材料整齐、到位。 3. 检查挡车设施。 手指口述：挡车设施已关闭。 手指口述完毕	信号工　很关键 查信号　要可靠 打信号　神集中 钢丝绳　勤检查 保险绳　及时挂 有一坡　要三挡 水平场　挡车栏 连矿车　三连环 插销处　防脱装 装置器　要牢固 看物料　查捆绑 必须牢　无超限 重心稳　不漂晃 下放车　要"三不" 确认好　再放行

68. 绞车司机

岗位	岗 位 描 述	手指口述安全确认	三字经
绞车司机	一、岗位职责 1. 严格按照操作规程作业，认真执行巡回检查制度和交接班制度。 2. 坚守工作岗位，开车时不准离开操作台，双手不准离开操作手柄，注意绞车各部位运转情况及声音，发现问题及时停车，中途停车不准松闸。 3. 工作前认真检查信号，确认电气保护装置是否安全且灵敏可靠，钢丝绳有无断丝、打结，发现问题及时汇报并认真做好记录。 4. 精通业务，钻研技术，精心维护，认真保养机器设备，做到"三知、四会"（三知：知设备的结构、性能、安全设施的管理，四会：会操作、保养、维修、排除一般故障），必须持证上岗。 5. 爱护机电设备，经常保持设备和环境的整齐清洁。 二、操作对象 绞车型号××，功率××kW，滚筒直径××m，运行速度××m/s，运行长度××m…… 三、操作顺序 1. 启动。 收到开车信号—回信号—设置警戒—闸紧制动闸—松开离合闸—看方向是否正确—压紧离合闸—松开制动闸—平稳加速。 2. 停止。 收到停车信号—回信号—平稳闸紧制动闸—松开离合闸—平稳减速。 四、操作方法 1. 检查螺栓是否齐全、有无松动。 2. 确保各安全装置灵敏、可靠。 3. 各部件的油量是否正常。 4. 信号装置是否清晰、可靠且声光俱全。 岗位描述完毕	我是××班绞车司机××，主要负责本班辅助运输绞车提升等工作。 一、班前安全确认 1. 检查声光信号。 手指口述：声光信号完好。 2. 检查语音报警装置。 手指口述：语音报警装置完好。 3. 检查挡车设施。 手指口述：挡车设施完好。 4. 检查制动闸。 手指口述：制动闸完好。 5. 检查钢丝绳。 手指口述：钢丝绳完好。 6. 检查护绳板。 手指口述：护绳板完好。 7. 检查离合闸。 手指口述：离合闸完好。 8. 检查底座。 手指口述：底座完好。 二、班中安全确认 1. 检查司机位置。 手指口述：司机位于护绳板后。 2. 检查提放速度。 手指口述：提放速度符合规定。 3. 检查停车位置。 手指口述：停车位置正确。 三、班后安全确认 1. 闸死制动闸。 手指口述：制动闸已闸死。 2. 切断电源。 手指口述：电源已切断，开关打到零位且闭锁。 3. 检查环境卫生。 手指口述：现场整洁。 4. 检查填写记录。 手指口述：记录已填好。 手指口述完毕	上岗前　证带全 查丝绳　有无损 试信号　全可靠 灯铃闸　要灵敏 提升间　防过卷 勿超载　莫超挂 放飞车　危害大 辨信号　集精力 信不准　勿松提 岗无人　要断电 敞离合　刹上闸

69. 电机车司机

岗位	岗 位 描 述	手指口述安全确认	三字经
电机车司机	一、岗位职责 1. 按时参加班前会，不迟到，不早退，坚守工作岗位。 2. 班前不喝酒，班中不打闹开玩笑。 3. 交接班要把当班运转情况交接清楚，接班做到情况明。 4. 搞好区域卫生，做好文明生产。 5. 认真执行操作规程，保证安全运行。 二、操作对象 我现在所在的地点是××，我正操作的是一台××t机车，机车型号××，轨距××mm，轨道是30 kg/m，机车最大速度××m/s。我负责大巷的人员、物料的运输，人车型号××，最大核载人数为××人，物料车××，最大串车××辆。 三、操作规定 1. 接班后，认真检查电机车的各部件，发现问题及时汇报并处理。 2. 电机车接电源前，必须把控制器的换向手柄调到"零"位。 3. 必须在司机座上操作，集中精力，严禁将头或身体探出车外，离开座位时，必须切断电源，将控制手把取下，扳紧车闸，但不得关闭车灯。 4. 电机车启动前，要发出警铃信号，打开车灯，松开制动闸。启动时，应按控制器的档位，不得停留在两档位之间。 5. 电机车行进弯道、岔道、风门、巷道口、硐室口、坡度较大或噪声大等地段，以及前面有车辆或视线有障碍时，都必须减速，并发出警铃，发现有人晃灯时，必须停车查看确认无误后方可继续行驶。 6. 开车、调车应听从调车人员的指挥，正常运行时，机车必须在列车前端。禁止用控制器反向进行制动停车。 四、注意事项 1. 不得擅自离岗。 2. 开车前必须鸣笛示警。 3. 确认电机车周围无人后，方可开车。 4. 处理故障必须停机，检修时必须停电闭锁。 岗位描述完毕	我是××班电机车司机××，持有效证件上岗，机车型号××，牵引力××kN，功率××kW，额定容量××A·h，黏着重量××t，轨距××mm，最大速度××km/h。 1. 机车照明和铜铃正常。 2. 制动装置可靠。 3. 瓦斯断电仪正常。 4. 车前后无人及其他障碍物。 5. 销子、链环已连接好。 6. 确认安全，发出信号，可以开车。 手指口述完毕	运输工 交通法 规范车 人让车 车让车 守规法 不冒险 不麻痹 不超载 不强行 绿灯行 会车时 转弯时 有杂物 车皮净 上人物 栅栏门 上下人 驾驶车 捆绑绳 忠职守 按规矩	任务大 新规定 约束人 车让人 畅通行 不喝酒 不抢道 不疲劳 不乱停 不侥幸 红灯停 闭大灯 要看明 经常捡 讲卫生 要分清 要关好 要留神 要平稳 要扎紧 不乱跑 安全行

70. 猴车司机

岗位	岗 位 描 述	手指口述安全确认	三字经
猴车司机	一、岗位职责 1. 严格执行现场交接班制度，工作中精力集中，推车运行期间不准离开工作岗位，随时注意数据显示和运转情况的变化，保证设备的安全运行。 2. 开机前首先检查信号、安全保护装置是否灵敏可靠，发现问题立即停车处理并及时汇报，时刻保持工作地点的卫生清洁。 二、操作对象 猴车电机功率××kW，运行速度××m/s，座椅间距××m，托绳轮间距××m，运行长度××m，最大输送量××人/h，最大牵引力××kN，运行最大坡度××°。 三、操作方法 1. 开车前机头与机尾司机联系，接到开机信号后，方可开机。 2. 操作过程中，猴车司机应注意观察屏幕显示情况，猴车设有越位、速度、防托绳、重锤下限位、沿线急停保护，确保猴车安全运行。 岗位描述完毕	我是××班猴车司机××，主要负责本班猴车安全操作、运行工作。 1. 开机前确认信号、通信系统、钢丝绳、机械及保护装置、警铃警示、空车试运转、防护措施是否正常。 手指口述：绳道正常，防护到位，站位安全，确认完毕。 2. 开车信号发送是否准确无误，是否把准开车方向。 手指口述：按钮、电铃信号发送准确，严禁反向开车，确认完毕。 3. 运行中是否注意猴车的运行情况、各种保护。 手指口述：运行情况良好，各种保护齐全，确认完毕 手指口述完毕	开车前　发信号 试空车　看防护 绳道好　运行稳 不麻痹　不疲劳 勤检修　常巡检 交接班　确认好 遵规章　保安全

八、"一通三防"篇

71. 通防班组长

岗位	岗 位 描 述	手指口述安全确认	三字经	
通防班组长	1. 贯彻执行国家有关煤矿安全生产的法律、法规、标准、技术规范、指示、指令、"三大规程"和矿各项规章制度。 2. 在科长领导下合理调配本班职工，负责抓好本班"一通三防"安全生产各项工作，确保实现安全生产目标。 3. 负责组织处理各级领导发现的"一通三防"隐患治理工作。 4. 负责巡回检查安全生产中"一通三防"存在的各类问题，并及时组织整改。 5. 负责考核本班职工安全生产任务完成情况。 6. 本班发生生产安全事故时，及时、如实报告事故情况，并组织抢救和处理。 7. 完成科长交办的其他工作。 岗位描述完毕	我是××班通防班组长××，主要负责本班"一通三防"安全生产等工作。 1. 班前会确认。 经确认，我精神饱满、心情舒畅、注意力集中、身体健康、精力充沛、没有饮酒，精神状态确认完毕，可以参加班前会，接受工作任务。 经确认，我了解现场安全生产情况，掌握隐患处理措施，生产任务清楚，并持证上岗，安全生产确认完毕，做好了工作准备。 2. 班前准备确认。 经确认我劳动保护用品佩戴齐全、工具带齐，确认完毕，可进入工作场所准备工作。 3. 接班确认。 经确认，接班现场无安全隐患，并履行了接班手续，确认完毕，可以接班。 4. 作业前确认。 经检查，现在作业现场无安全隐患，作业准备工作充分，确认完毕，可以开始工作。 5. 交班前的安全确认。 对工作区域、通风设施进行全面检查，确认质量合格，没有安全隐患后，方可对下班人员进行交班，接受接班人员的检查，履行交班手续。 手指口述完毕	通防班 井下风 回风道 高度够 风定产 超能力 风门事 一包边 不透光 门前后 无积水 过风门 开一道 同打开 被抓住 管局扇 吊挂直 局部风 无破口 断电仪 吊挂点 对探头 瓦斯超 无事故	责任大 不能停 要畅通 要卫生 记心中 可不行 要看重 二严口 不漏风 五米长 无坑洼 要知道 关一道 风跑了 定不饶 练硬功 不漏风 要管严 无循环 要管用 按规矩 经常校 早知道 保安全

72. 通风员

岗位	岗 位 描 述	手指口述安全确认	三字经
通风员	1. 必须熟悉井下通风系统，风流方向，了解掌握有关通风防尘的理论知识。 2. 必须熟知通风设施的安装和风机的规格型号和性能。 3. 为了保证各工作面的通风良好，风筒必须跟上作业面，必须采用压入式。 4. 局部通风机通风，要避免造成循环风流，采取措施减少风筒的漏风和阻力。（1）风筒的吊挂要平直，拐弯的角度要缓，不得直接转弯。（2）风筒的接头要严密不漏风，风筒破漏要及时修补。（3）单一压入式风机的安装位置要离开回风出口，不得小于15 m（上风侧）。 5. 加强对风机的维护保养，每周要对井下所有风机进行一次检查，并记录检查结果。 6. 及时为井下作业点配备局部通风机或及时移位风机、挂接风筒等。 7. 经常做好风门、密闭墙的检查和维护工作。普通风门、密闭墙每周必须巡回检查一次，风门密闭必须严密无漏风现象。 8. 有权制止任何人破坏通风防尘设施或将其拿作它用。 9. 有权禁止任何人将矿车、坑木、矿（岩）石或其他杂物等存放在通风井巷中或运输巷道中，堵塞井巷而影响通风效果。 10. 积极开展现场通风管理活动，努力创造洁净、舒适的作业环境。 岗位描述完毕	我是××班通风员××，主要负责本班井下通风工作。 1. 班前会确认。 经确认，我精神饱满、心情舒畅、注意力集中、身体健康、精力充沛、没有饮酒，精神状态确认完毕，可以参加班前会，接受工作任务。 经确认，我了解现场安全生产情况，掌握隐患处理措施，生产任务清楚，并持证上岗，安全生产确认完毕，做好了工作准备。 2. 班前准备确认。 经确认，我劳动保护用品佩戴齐全、工具带齐，确认完毕，可进入工作场所准备工作。 3. 接班确认。 经确认，接班现场无安全隐患，并履行了接班手续，确认完毕，可以接班。 4. 作业前确认。 经检查，现在作业现场无安全隐患，作业准备工作充分，确认完毕，可以开始工作。 5. 作业过程中的安全确认。 在采掘工作面、主要巷道作业期间要时刻注意周围的支护、顶板、煤帮情况，并执行敲帮问顶制度。采掘工作面行走时，要走工作面的人行道，不得在刮板输送机道内行走，严禁在支护不全或顶、帮不完好的地方站立或休息。 6. 交班前的安全确认。 对工作区域、通风机及其他电气机械设施进行全面检查，确认质量合格，没有安全隐患后，方可对下班人员进行交班，接受接班人员的检查，履行交班手续。 手指口述完毕	一通重　"三防"严 新鲜气　给适量 除毒气　排害气 清矿尘　优环境 风门严　密闭强 优风桥　测风站 足够氧　气通畅 瓦斯超　切断电 撤出人　才安全 抽放孔　九字方 综合抽　密闭严 多钻孔　是方向 合理风　不串联

73. 测风员

岗位	岗位描述	手指口述安全确认	三字经
测风员	1. 在当班班长领导下贯彻执行国家有关煤矿安全生产的法律、法规、标准、技术规范、指示、指令、"三大规程"和矿各项规章制度。 2. 使用光学瓦斯检测仪等仪表，检查井下采煤工作面、掘进工作面的瓦斯等有害气体浓度。 3. 在瓦斯等级鉴定、反风演习时，测定有关参数及协助做好有关资料汇总工作。 4. 进行"四位一体"安全开工确认，确保安全生产。（四位一体：每班由安检员、瓦检员、质量验收员和跟班干部一起对工作现场进行安全评估检查。） 岗位描述完毕	我是××班测风员××，主要负责矿井测风工作。 1. 班前会确认。 经确认，我精神饱满、心情舒畅、注意力集中、身体健康、精力充沛、没有饮酒，精神状态确认完毕，可以参加班前会，接受工作任务。 经确认，我了解现场安全生产情况，掌握隐患处理措施，生产任务清楚，并持证上岗，安全生产确认完毕，做好了工作准备。 2. 班前准备确认。 经确认，我劳动保护用品佩戴齐全、工具带齐，确认完毕，可进入工作场所准备工作。 3. 接班确认。 经确认，接班现场无安全隐患，并履行了接班手续，确认完毕，可以接班。 4. 作业前确认。 经检查，配电室环境卫生良好；高压开关柜、低压柜完好；绝缘用具齐全、完好；主通风机、风门绞车完好；高压系统为双电源供电正常；风机在运转中，轴承温度符合规定要求；电流、电压及压差计指示正常；各部声音正常，无异味，无异常振动；现在作业现场无安全隐患，作业准备工作充分，确认完毕，可以开始工作。 5. 作业过程中的安全确认。 风机切换工作过程安全确认。 确认高压开关柜已送电。 确认低压柜供电正常。 确认PLC柜运行正常。 停止1号（2号）风机，确认1号（2号）风机已停止。 开启2号（1号）风机，确认2号（1号）风机已开启。 6. 交班前的安全确认。 对工作区域、通风机及其他电气机械设施进行全面检查，确认质量合格，没有安全隐患后，方可对下班人员进行交班，接受接班人员的检查，履行交班手续。 手指口述完毕	测风员 最关键 工器具 要配齐 战线长 勤检测 细记录 详查看 明标准 保风量 强管理 畅通风 各仪器 熟掌握 多气体 勤测量 风新鲜 保安全 遇变化 速处理

74. 主要通风机司机

岗位	岗 位 描 述	手指口述安全确认	三字经
主要通风机司机	一、岗位职责 1. 按时到达机房交接班,遵守各项劳动纪律;严格遵守主要通风机操作规程及《煤矿安全规程》等安全规章制度。 2. 认真学习技术,熟悉掌握主要通风机设备性能;严格执行巡回检查制度、包机制、外来人员登记制等各项规章制度。 3. 坚守工作岗位,不擅离职守,不干与工作无关的事情;搞好设备及机房内外的卫生。 4. 拒绝非工作人员进入机房;发生事故及时处理,及时汇报,并按时认真填写好各种记录。 5. 当主要通风机发生故障停机时,备用通风机必须在 10 min 内开动正常运行;当矿井需要反风时,必须在 10 min 内完成反风操作。 6. 坚决拒绝违章指挥,并制止违章作业。 二、操作对象 主要通风机为对旋轴流式通风机,风机型号为××,叶轮直径为××m,风机配用两台电动机,现在只用 1 号电动机,电动机型号为××,功率为××kW,额定电流为××A,风量为××m³/s。 三、操作方法 1. 操作准备。 (1) 主要通风机各部螺栓是否紧固。 (2) 检查电气设备接地是否良好,各仪表是否正常。 (3) 检查各启动开关(操作手把)是否在停止位置,电源电压是否符合规定。电压波动数值不得高于额定值的 7%,不得低于额定值的 5%。 (4) 备用风机的风门是否关闭,风门间内是否有杂物。 (5) 启动风机前,先打开启动风机对应的风门。 (6) 在线监测装置是否开启,显示屏上的显示数据是否正确。 2. 高压开关柜操作。 (1) 检查各开关是否在正确位置,接地刀闸是否已经全部断开。	我是××班主要通风机司机××,主要负责本班主要通风机的开停等工作。 一、启动前安全确认 1. 检查轴承润滑油。 手指口述:轴承润滑油油量合适,油质符合规定,确认完毕。 2. 检查各紧固件及联轴器防护外罩。 手指口述:各固件联轴器防护外罩齐全、紧固,传动胶带松紧适度并无裂纹。 3. 检查继电器、各保护装置。 手指口述:继电器整定合格,各保护装置灵活可靠。 4. 检查各指示仪表、电气设备接地情况。 手指口述:各指示仪表完好可靠,电气设备接地良好。 5. 检查各启动开关手把。 手指口述:各启动开关手把都处于断开位置。 6. 检查电源电压。 手指口述:电源电压符合电动机启动要求。 7. 检查风门、风道。 手指口述:风门完好,风道内无杂物。 8. 检查主要通风机设备。 手指口述:主要通风机叶片不松动,叶片角度一致,盘动叶轮无摩擦,无异常响动。 9. 检查消防器材。 手指口述:消防器材完好。 二、运行中安全确认 1. 开启风机。 手指口述:风机启动完毕,启动柜各仪表指示正常。 2. 检查各开关柜、各仪表指示。	勤学习 熟设备 有台账 高低压 各仪表 严启停 一运行 反风令 严操作 常保养 有故障 明制度 懂标准 知程序 有记录 正常显 要正常 开风门 一备用 要迅速 保安全 勤巡查 速处理 严执行

（续）

岗位	岗 位 描 述	手指口述安全确认	三字经
主要通风机司机	（2）将"远程/就地"转换开关扳到"就地"位置。 （3）戴上绝缘手套，穿绝缘靴，断开接地刀闸，摇进AH01（AH16）进线柜隔离手车，按"启动"按钮合上AH01（AH16）线路断路器，主电源送电。再合上1号（2号）变频器高压柜断路器。即摇进AH05（AH11）柜隔离手车，按"启动"按钮合上AH05（AH11）柜断路器，1号（2号）主要通风机高压变频器主电源得电。 3. 反风操作。 （1）上电前的检查工作，如"操作准备"部分。 （2）设置参数：按PRG键，翻到"功能设置"。 （3）操作旁路柜：将刀闸达到"变频投入状态"（两刀闸向上），确定"变频投入指示"亮。 （4）操作切换柜：依据要求，操作刀闸，投入电机。 （5）上高压电。 （6）变频器启动：上高压电后，待单元柜上的"高压指示"亮，且监视器显示"系统待机"。使用按键"▼"，使频率减到负频率，并依据现场需要，确认一个的频率值。按监视器上的绿色的"RUN"按钮。此时，确认单元柜上的"运行指示"亮，且监视器显示"正在运行"。 （7）变频器停止：待反转达到工艺要求后，按监视器上的红色的"STOP/RESET"按钮。此时，确认单元柜上的"运行指示"熄灭，且监视器显示"系统待机"。使用按键"▲"，使频率加到0 Hz。 （8）高压断电。 （9）操作旁路柜：操作刀闸，使之恢复原有状态。 （10）操作切换柜：操作刀闸，使之恢复原有状态。 岗位描述完毕	手指口述：巡回检查各开关柜是否正常，各仪表显示正常，转动部位无异常。 3. 切换风机时。 手指口述：首先停止运行中的风机，然后调整风门，待风门就位时按规定启动备用风机。 4. 反风时。 手指口述：先固定住防爆盖，保持各风门原状态不变后再停机，风机停稳后操作起变频器启动柜转向开关转至"反转"，启动电机，电机反转，新鲜风流自地面压入井下，反转操作完毕。反风时主要通风机操作必须在10 min 之内完成。 三、停机后安全确认 手指口述：将变频器柜手动操作塑料外壳式断路器分闸，再将变频器柜开启式刀闸开关分闸，最后将变频器柜门关好。 手指口述完毕	勤学习　懂标准 熟设备　知程序 有台账　有记录 高低压　正常显 各仪表　要正常 严启停　开风门 一运行　一备用 反风令　要迅速 严操作　保安全 常保养　勤巡查 有故障　速处理 明制度　严执行

75. 瓦斯泵站司机

岗位	岗位描述	手指口述安全确认	三字经
瓦斯泵站司机	一、工作职责 1. 瓦斯泵站司机必须经过技术培训，并掌握瓦斯抽放泵的结构性能，会进行一般的维护保养及事故处理，应经培训考试合格，持证上岗。 2. 瓦斯泵站司机负责泵的开、停和日常维护管理及运行参数的调整、记录工作，并定时向本矿调度室汇报。 3. 检查抽放泵站进、出气阀门，保证其处于正常工作状态。 4. 检查抽放泵螺栓，各部连接螺栓以及防护罩，要求不得松动。 5. 检查并保持管路、水路处于良好工作状态。 二、设备的结构与性能 1. 井下瓦斯抽放硐室内安装××台××型移动式瓦斯抽放泵，配套电机功率为××kW，最大抽气量为×× m^3/min，极限真空度为××kPa，耗水量为××L/min。 2. 总体结构： 移动瓦斯抽放泵站主要由水环真空泵、矿用隔爆型三相异步电动机、恒水位气水分离器、瓦斯超限断电装置、停水断电装置、孔板流量计装置、隔爆型电磁起动器及底盘车组成。 三、设备常遇故障及排除方法 1. 当瓦斯抽放泵无法启动时，应检查供电系统是否正常，进气、排气阀门是否正常开启，供水是否到位。 2. 当意外断电导致瓦斯抽放泵停止的应先向调度室及相关科室汇报，并及时关闭进气及排气阀门，在自行检查问题，排除故障。 3. 在正常工作中还应注意定期压紧抽放泵填料，如果填料因磨损而不能保证所需要的密封性时，应更换填料。如果采用机械密封，发现泄漏现象，应及时检查密封的动静环是否已损坏或是辅助密封老化，如出现上述情况，均需更换新零件。 四、避灾路线 发生煤尘、瓦斯、火灾等灾害事故避灾路线： 瓦斯抽放硐室→轨道大巷→副井底车场→地面 岗位描述完毕	我是××班瓦斯泵站司机××，主要负责本班瓦斯抽放泵的安全运转工作。 一、操作前准备 1. 检查电源、水源、瓦斯泵是否处于完好状态。 2. 检查抽放泵地脚螺栓及各部件连接螺栓紧固情况，要求防护罩不得松动。 3. 用手转动泵轮1~2圈，要求泵内应无障碍物。通过供水管路向真空泵内供水冲洗，用手转动转子，然后通过放水管路把污垢排净。重新起动时，要灌水盘车冲洗，以免内部生锈、结垢造成启动困难而烧毁电机。 4. 检查设备油路、水路是否通畅，保证管路时时处于通畅状态，各部位温度计应齐全，温度计指示值符合规定要求。 5. 测压、测瓦斯浓度装置及电压、电流、功率表均应正常工作，无异常。 6. 检查进、出气侧的安全装置，要求保证完好。 二、设备操作流程 1. 在开机以前必须首先检查瓦斯、一氧化碳监测状况，浓度符合规定要求时，方可启动。 2. 启动抽放泵前，应先启动冷却水系统，打开、关有关阀门。 3. 按下抽放泵启动按钮，使抽放泵投入运行。 4. 缓缓开启进气阀门。 5. 调节各阀门，使抽放泵正负压达到合理要求，向泵体、气水分离器等供给适量的水。 6. 抽放泵启动后，应及时观测抽放正负压及流量、瓦斯浓度、轴承温度、电气参数等，并监听抽放泵运转声响。 7. 按规定按时记录各种检查数据。 三、停泵 1. 接到停泵运行命令后，应一人监护、一人准备进行停机操作。 2. 抽放泵的停机操作顺序： （1）开启防空门、循环门、关闭总供气门同时开启配风门，使抽放泵运转3~5 min后，将泵体内和管路内瓦斯排出。 （2）按下抽放泵停止按钮，停止抽放泵运行。 （3）停止冷却水供水系统，将管路和设备中的水放完。 手指口述完毕	懂专业 懂设备 熟操作 多仪表 各数据 遇变化 守制度 保正常 注防 抽放泵 记录全	熟性能 排故障 勤维护 勤观测 记录全 速处理 尽职责 保可靠 保电气 要完好 台账齐

76. 瓦检员

岗位	岗 位 描 述	手指口述安全确认	三字经	
瓦检员	一、岗位职责 1. 在当班班长领导下贯彻执行国家有关煤矿安全生产的法律、法规、标准、技术规范、指示、指令、"三大规程"和矿各项规章制度。 2. 使用光学瓦斯检测仪等仪表，检查井下采煤工作面、掘进工作面的瓦斯等有害气体浓度。 3. 在瓦斯等级鉴定、反风演习时，测定有关参数及协助做好有关资料汇总工作。 4. 同时进行"四位一体"安全开工确认，确保安全生产。 二、操作对象 光学瓦斯检测仪是××型，由气路系统、光路系统、电路系统和辅助系统四个系统组成。量程范围为 0～10%。 三、操作方法 1. 测定前的准备。 （1）首先要对其进行外部及零部件检查，包括皮套、皮带、胶皮球、硅胶二氧化碳吸收管、主调螺旋盖、目镜保护盖、胶皮球保护链、主调螺旋盖保护链、目镜盖保护链等。从外观上看是否齐全完好。（2）药品检查：检查水分吸收管中的氯化钙（硅胶）和二氧化碳吸收管中的钠石灰（苏打石灰）是否变质、若变色则失效，应更换药品。（3）气路检查：首先检查吸气球是否漏气，用手捏扁吸气球，另一手掐住胶管，然后放松气球，若气球不胀起，则表明不漏气。其次，检查仪器是否漏气：将吸气胶皮管同鉴定器吸气孔连接，堵住进气孔，捏扁吸气球，松手后球不胀起为好。最后检查气路是否畅通，即放开进气孔，捏放吸气球，以气球瘪起自如为好。（4）电路检查：按下部按钮，观察目镜，按上部按钮，观察微读数窗，均不失明、不忽闪，表明电路完好。（5）光路检查：按下光源电门，由目镜观察，并旋转目镜筒，调整到分划板清晰为止。再看干涉条纹是否清晰，如不清晰，可取下光源盖，拧松灯泡后盖，调整灯泡端小柄，同时观察目镜内条纹，直到条纹清晰为止。然后，拧紧灯泡后盖，装好仪器。（6）清洗瓦斯室：在地面或井下新鲜空气中，手捏气球5～10次。（7）对零：按下微读电门，旋转微调螺旋，观看微读数观察窗，使微读数盘的零位刻度与指标线重合。旋下主调螺旋盖，再按下光电门，调动主调螺旋，同时观看目镜，在干涉条纹中选定一条黑基线，然后一边观看目镜一边盖好主调螺旋盖。（8）检查精度，方法一：将第一条黑基线和分划板的零刻度线重合，看第五条彩色条纹是否与7对正。对正表明	我是××班瓦检员××，主要负责本班××工作面瓦斯检测工作。 一、班前会确认 经确认，我精神饱满、心情舒畅、注意力集中、身体健康、精力充沛、没有饮酒，精神状态确认完毕，可以参加班前会，接受工作任务。 经确认，我对现场安全生产情况了解，隐患处理措施掌握，生产任务清楚，并持证上岗，安全生产确认完毕，可以做好工作准备。 二、班前准备确认 经确认，我劳动保护用品佩戴齐全、工具带齐，确认完毕，可进入工作场所准备工作。 三、接班确认 经确认，接班现场无安全隐患，并履行了接班手续，确认完毕，可以接班。 四、作业前确认 经检查，现在作业现场无安全隐患，作业准备工作充分，确认完毕，可以开始工作。	瓦检仪 气路好 电路全 上班前 装备齐 瓦检牌 "三对口" 学规程 器具全 班班检 各数据 勤巡查 措施全 有险情	最重要 管路畅 辅助好 细检查 才入井 吊挂齐 要做到 懂业务 测量精 次数够 记录全 保安全 不超限 速报告

（续）

岗位	岗 位 描 述	手指口述安全确认	三字经
瓦检员	精度完好。方法二：大小数重合，打开主调螺旋盖，由目镜观察，转动主调螺旋，使第一条黑基线和分划板上的1.0刻度线重合，然后转动微调螺旋（还有目镜观察）使第一条黑基线和分划板上的零刻度线重合，再由微读数窗口观察，看指标线是否在1.0刻度线上。检查完毕，盖上主调螺旋盖和目镜盖，带好仪器准备下井。 2. 换气、调零。 入井后，在待测地点温度相近压差相等的进风巷道中，捏放气球7～10次，清洗瓦斯室。观察微读数窗口，逆时针方向转动微调螺旋，使零位和指标线重合。打开主调螺旋盖，打开目镜盖，由目镜观察，转动主调螺旋，使第一条黑基线和分划板上的零刻度线重合。然后，边观看目镜，边合上主调螺旋盖。 3. 测气体、读数。 将仪器进气孔置于距巷道顶板200 mm，距巷帮200 mm的地点，（在巷道风速高的巷道中测瓦斯时要在巷道的中心测定）捏放胶皮球7～10次，然后退到安全、风量足的地点，打开目镜盖，按下部按钮，由目镜观察第一条黑基线所处位置，如果正好在分划板的整数刻度线上，可以直接读数。如果在两个整数之间，顺时针转动微调螺旋，使第一条黑基线和较小的整数重合，按上部按钮，观察微读数窗口，指标线所指即为小数值，较小整数加上小数值即为该次所测数值。测定工作面和回风风流中的瓦斯时要连续测三次，取其最大值。其他地点测三次取其平均值。 4. 二氧化碳的检查。 测二氧化碳浓度时，要首先在靠近巷道底板200 mm处测出瓦斯浓度，然后去掉二氧化碳吸收管，再测出瓦斯和二氧化碳混合气体的浓度，后者减去前者，再乘以0.955的校正系数（由于二氧化碳的折射率相差不大，一般测定时，也可以不校正），即为所要测定的二氧化碳浓度。 5. 最后，盖好目镜盖，将小数归零，下次备用。并及时将测定的数据记录在巡回图表和记录牌版上。 四、避灾路线 水灾：工作面→……→主井/副井/回风井； 火灾/瓦斯、煤尘事故：工作面→……→主井/副井； 顶板事故：工作面→……→主井/副井/回风井； …… 岗位描述完毕	五、作业过程中的安全确认 在采掘工作面、主要巷道作业期间要时刻注意周围的支护和顶板、煤帮情况，并执行敲帮问顶制度。采掘工作面行走时，要走工作面的人行道，不得在刮板输送机道内行走，严禁在支护不全或顶、帮不完好的地方站立或休息。 六、交班前的安全确认 对工作区域、通风设施进行全面检查，确认质量合格，没有安全隐患后，方可对下班人员进行交班，接受接班人员的检查，履行交班手续。 手指口述完毕	瓦检仪 气路好 电路全 上班前 装备齐 瓦检牌 "三对口" 学规程 器具全 班班检 各数据 勤巡查 措施全 有险情	最重要 管路畅 辅助好 细检查 才入井 吊挂齐 要做到 懂业务 测量精 次数够 记录全 保安全 不超限 速报告

77. 防尘工

岗位	岗位描述	手指口述安全确认	三字经
防尘工	一、岗位职责 1. 定期清扫或冲洗巷道及管线上粉尘。 2. 负责维护洒水管路。 3. 负责安装维护水幕、转载点喷雾、隔爆设施。 二、操作方法 1. 巷道冲洗前必须对周围环境进行检查。 2. 巷道冲洗前必须对电气设备、牌板进行遮盖。 3. 高压管必须用U型卡连接可靠。 4. 巷道冲洗必须站在上风侧。 5. 巷道冲洗必须从上到下匀速进行。 6. 转载点喷雾安装在刮板输送机机头或带式输送机机头中心线正上方60mm、正前方20mm处。 三、事故预想与预防措施 1. 事故预想：高压管脱落容易伤人。 预防措施：使用U型卡连接牢固。 2. 事故预想：巷道行车或带式输送机、刮板输送机运行。 预防措施：停止作业。 3. 事故预想：电气设备漏电容易造成触电。 预防措施：巷道冲洗前对电气设备进行遮盖。 岗位描述完毕	我是××班防尘工××，主要负责本班井下巷道防尘工作。 1. 检查巷道行车情况。 手指口述：巷道无行车（刮板输送机、带式输送机不运行）。 2. 遮盖电气设备、牌板。 手指口述：电气设备、牌板遮盖完好。 3. 检查高压管连接情况。 手指口述：高压管连接可靠。 4. 检查站位情况。 手指口述：站在上风侧。 5. 开启阀门。 手指口述：阀门开启。 6. 关闭阀门。 手指口述：巷道冲洗完成，阀门关闭。 7. 撤除遮盖。 手指口述：电气设备、牌板遮盖撤除。 手指口述完毕	学标准 懂规范 巷道尘 定期除 隐患大 溯源头 控环节 严措施 煤尘多 综合防 查接头 盖设备 喷雾点 多维修 遵规章 保平安

78. 监测监控员

岗位	岗 位 描 述	手指口述安全确认	三字经
监测监控员	1. 在当班班长领导下贯彻执行国家有关煤矿安全生产的法律、法规、标准、技术规范、指示、指令、"三大规程"和矿各项规章制度。 2. 监督检查采掘工作面或作业现场的安全生产情况。 3. 安装、维护运行瓦斯断电仪、瓦斯报警仪、气体探头、监测仪器等安全监测仪器，维护保养仪器设备。 4. 完成班长安排的其他工作任务。 岗位描述完毕	我是××班监测监控员××，主要负责本班监测监控仪器的安全运转工作。 1. 班前会确认： 经确认，我精神饱满、心情舒畅、注意力集中、身体健康、精力充沛、没有饮酒，精神状态确认完毕，可以参加班前会，接受工作任务。 经确认，我对现场安全生产情况了解，隐患处理措施掌握，生产任务清楚，并持证上岗，安全生产确认完毕，可以做好工作准备。 2. 班前准备确认： 经确认，我劳动保护用品佩戴齐全、工具带齐，确认完毕，可进入工作场所准备工作。 3. 接班确认： 经确认，接班现场无安全隐患，并履行了接班手续，确认完毕，可以接班。 4. 作业前确认： 经检查，现在作业现场无安全隐患，作业准备工作充分，确认完毕，可以开始工作。 5. 作业过程中的安全确认： 在采掘工作面、主要巷道作业期间要时刻注意周围的支护和顶板、煤帮情况，并执行敲帮问顶制度。采掘工作面行走时，要走工作面的人行道，不得在刮板输送机道内行走，严禁在支护不全或顶、帮不完好的地方站立或休息。 6. 交班前的安全确认： 对工作区域、监测监控设备进行全面检查，确认运行正常，没有安全隐患后，方可对下班人员进行交班，接受接班人员的检查，履行交班手续清楚。 手指口述完毕	高标准　须学透 设备多　熟掌握 数据清　记录全 勤巡查　清故障 系统稳　通信畅 有预警　必须除 明责任　交清班

九、职 能 部 门 篇

79. 调度室主任

岗位	岗 位 描 述	安全管理职责	三字经	
调度室主任	1. 组织安全生产调度会议，参加各种生产会议，对有关安全生产的安排和决议负责督促检查和落实。 2. 掌握生产完成情况和生产动态，搞好综合平衡，组织均衡生产，协助有关领导抓好安全生产。 3. 掌握矿井采掘部署情况和工作面的衔接和采区准备情况，督促解决问题，保持矿井正常接续。 4. 负责协调生产单位和辅助部门的关系。 5. 熟悉应急预案、灾防计划、年度任务、月度任务、各类危险源处置，负责督促重大安全隐患的排查治理情况。当矿井发生重大事故隐患时，立即行使"应急处置权"，停止现场生产，撤出作业人员，并及时向领导和有关部门汇报。 6. 负责事故抢险的综合调度并做好应急救援的协调。当矿井发生重大事故时，立即启动事故应急救援预案，调动一切力量，积极组织抢救。 7. 负责事故汇报工作，参与事故的调查处理。 8. 审批业务内的各类的规程、措施，并监督检查执行情况。 9. 经常深入现场，排查处理作业现场存在的隐患、协调解决安全生产问题，监督检查职工规范上岗情况。作业现场存在危及人身安全或重大隐患，不能保证安全生产的，应立即停止工作，撤出作业人员，并按程序汇报处理。 10. 负责全矿井夏季和冬季"三防"工作。 岗位描述完毕	我叫××。现任××矿调度室主任。我科室有××人，主任1人，副主任××人，调度员××人。我的主要职责是在生产矿长/经理的领导下，负责总调度室的全面工作。根据煤炭安全生产的方针政策和生产计划，对日常安全生产进行安排和调度指挥。我的安全管理职责是： 1. 认真学习、贯彻、执行党和国家的安全生产方针、政策、法律、法规以及上级有关安全生产指示精神。牢固树立安全第一的思想，严格按"三大规程"及相关措施实施调度指挥安全生产。 2. 调度平衡各单位"人、财、物"工作，抓好矿井月、季、年的安全生产任务的完成。 3. 经常深入各采掘工作面，了解安全生产动态，指导安全生产，发现安全隐患要立即安排处理。 4. 按时参加安全生产办公会，生产技术方案研讨会，参加安全大检查。定期组织召开安全生产调度会，解决安全生产上存在的问题。 5. 加强调度管理，做好安全生产及各类事故的原始记录，当发生各类事故时要立即到调度室，通知矿领导及有关部门人员做好抢险救灾准备工作，并配合有关人员到现场组织指挥抢险工作，直到排除事故隐患后及时组织人员恢复生产。 6. 参加各类事故分析会，寻找事故原因，吸取事故教训，参加制定防范措施，并组织有关人员落实整改，防止同类事故发生。 7. 检查发现有违背"三大规程"以及其他安全隐患的，采取措施进行整改。情况危急时要当机立断，停止作业，撤出人员。发生事故后，及时组织人员调查，进行事故分析，并制定防范措施，防止事故的重复发生	调度室 抓协调 各信息 下指令 井上下 上下传 文明语 各系统 遇险情 各通信 全天候 指挥棒	是中枢 促生产 收集全 按规定 全调动 记录全 记在心 要知清 先撤人 要畅通 不离人 要握紧

80. 调度室副主任

岗位	岗 位 描 述	安全管理职责	三字经
调度室副主任	1. 积极协助主任开展好调度工作。做好调度室的日常管理工作。负责调度员管理和考核工作，负责部门内部制度的制定。 2. 按照分工要求认真做好煤矿安全生产的调度工作，做好安全信息的上传下达。 3. 协助主任召开调度会，汇报上一天的生产、下井人数、领导干部跟班、安全生产等情况和存在的问题。 4. 经常深入现场，随时掌握煤矿生产现场的实际情况，排查处理作业现场存在的隐患及安全生产问题，监督检查职工规范上岗情况。作业现场存在危及人身安全或重大隐患，不能保证安全生产的，应立即停止工作，撤出作业人员，并汇报处理。 5. 当发生事故时要尽快查清情况向领导汇报并赴现场参加事故的指挥抢险工作，参加事故的调查分析。 6. 随时了解和掌握安全生产动态，解决安全生产技术中存在的问题和采掘工程进展情况，为领导决策提供依据。 岗位描述完毕	我叫××，现任××矿调度室副主任，在主任的领导下，开展安全生产的调度工作，做好安全信息的上传下达。协助主任开展安全生产调度工作。我的安全管理职责是： 1. 在部门领导的领导下，对调度系统的业务管理、调度室的安全管理工作和业务保安工作负责，负责调度业务的安全生产标准化工作。 2. 在生产指挥过程中严格执行"安全第一，预防为主"的方针，坚持不安全不生产的原则，对存在重大安全隐患或不具备安全生产条件的作业地点，勒令其停产整顿。 3. 负责安全生产日报表的统计及上报。 4. 发生重大事故时，及时通知有关领导和部门，配合矿值班领导，亲临现场组织事故抢险，协助矿领导及有关部门组织非伤亡事故的追究，分析事故原因，提出处理意见和防范措施。 5. 深入生产现场，准确掌握各作业地点的安全生产情况，以便及时调整生产布局，确保安全生产。 6. 参加矿井安全及质量标准化检查、验收工作。 7. 组织搞好本部门人员业务培训和安全知识学习，提高业务管理水平	做副手　协助好 懂协调　一盘棋 懂管理　会考核 制度全　分工明 上下传　记录好 强现场　工作清 查问题　排隐患 监督权　落实好

81. 调度室技术员

岗位	岗 位 描 述	手指口述安全确认	三字经
调度室技术员	1. 在生产副总和调度（正、副）主任的领导下，负责调度业务范围内的技术管理和统计工作。 2. 掌握矿井的灾害预防处理计划、应急预案和避灾路线，负责了解矿井重大安全隐患处理情况，发生重大事故，协助主任、副主任参加处理。 3. 严格执行保密制度，对调度室所保存的资料按上级规定要求进行归类、整理和存档。 4. 配合调度主任制定和修编调度室各岗位安全生产责任制和各项管理制度。负责调度室安全生产标准化建设等工作。 5. 做好各种记录台账资料的收集存档，协助主任或副主任搞好本科室工作人员的业务技术培训工作和安全知识培训工作。 6. 经常深入现场，熟悉情况，掌握生产动态，了解变化趋势，提供建议和意见。 7. 熟悉各类调度系统、监测监控系统维护保养工作，能够诊断和处理一般故障。 8. 负责领导交办的其他临时性工作。 岗位描述完毕	我叫××，现任××矿调度室主管，在调度室主任的领导下，负责调度室信息技术管理工作，是调度室信息技术管理的主要责任者。 手指口述完毕	学法规　明规程 搞协调　保安全 技术活　全担当 排计划　做预案 做记录　有存档 井上下　一盘清 业务精　抓培训

82. 调度员

岗位	岗位描述	手指口述安全确认	三字经
调度员	1. 负责接听电话，接收汇报通知、指示、命令并下达工作任务，做好相关记录。 2. 掌握全矿井上下生产、生活区域内发生的各类情况，并协助调度室主任搞好全矿井上下调度、指挥、协调工作。 3. 每天对井上下各重点环节、关键工程、重点作业场所变进行监督，及时完成领导临时交办的各项工作任务。 4. 掌握重点工程关键部位及生产过程中存在的问题并协调解决。 5. 全面掌握矿队作业计划和完成情况，对完不成作业计划的单位进行追查原因。 6. 当井下发生各类事故时，负责按程序逐级向相关领导汇报，并积极组织协调。 7. 经常深入井下生产现场，熟悉和了解生产全过程，做到指挥生产心中有数。 岗位描述完毕	我叫××，我是××矿调度指挥中心当班值班员。今天值班矿长是××，当班跟班矿长是××，当班入井人数××人。我的职责是负责了解掌握井下各个系统生产动态，帮助解决当班影响安全生产的问题，并及时向有关领导汇报并做好相关记录。 （调度员手指各系统，一般应从右至左进行）开始口述： 1. 风机在线监测系统运行正常，确认完毕！ 2. 语音广播系统运行正常，确认完毕！ 3. 人员定位管理系统运行正常，确认完毕！ 4. 通信联络系统运行正常，确认完毕！ 5. 安全监控系统运行正常，确认完毕！ 6. 产量、洗选监控系统运行正常，确认完毕！ 7. 打印机运行正常，确认完毕！ 上岗后，认真检查各系统运行是否正常，值班日志记录填写是否详细等，并同上一班人员交接清楚。工作中保持各系统程序及时打开并运行，查看各系统上传是否正常。对上级领导安排的工作做到及时上传下达，并做好调度记录。当有事故发生时，按照应急预案要求处理各类事故并立即通知当日值班领导。交班前，打扫室内卫生，保持清洁无杂物。一切正常，确认完毕！ 手指口述完毕	调度员　工作繁 脑要清　心要明 电话响　仔细听 口齿清　沟通畅 有报告　记录清 指挥好　调度准 按原则　来行事 搞协调　全方面 对井下　要掌握 对系统　会使用 态度好　语言精 心细致　班交好

83. 安检科科长

岗位	岗位描述	安全管理职责	三字经
安检科科长	1. 积极配合安全矿长开展安全管理、安全检查工作,保证矿井在生产、建设过程中遵守国家有关安全生产的法律、法规、规章、标准和技术规范等规定。 2. 负责组织制定本部门各岗位安全生产责任制和各项管理制度,并按规定进行考核。 3. 参与矿井生产布局、生产任务及接续计划的审查,以及其他部室编制的有关设计、规程、安全措施审查。参与安全设施"三同时"项目的竣工验收。 4. 按时参加矿召开的有关安全生产的会议,做好会议记录、存档管理,提出具体建议。 5. 组织开展职工安全教育、安全培训等工作,切实提高干部职工的安全意识。 6. 协助领导组织危险源辨识、风险管控安全检查、重大隐患排查,对排查出的安全隐患治理情况的督查,确保安全隐患按时得到有效整改。 7. 经常深入现场,及时查处现场存在的问题,随时掌握矿井生产建设现状,及时向有关领导汇报。 8. 负责对"三违"人员进行相应的处罚和管理。 9. 组织或协助领导开展事故调查,监督"四不放过"原则的贯彻落实,做好事故统计、分析和报告工作。 10. 督促检查上级有关爆炸物品、危险物品管理制度的落实,定期开展爆炸物品、危险物品管理工作专项检查。 11. 完成领导交办的其他工作。 岗位描述完毕	我叫××,现任××矿安检科科长,在安全矿长/经理的领导下,负责安检科全面管理工作。安检科主要承担全矿安全监督检查等工作任务。全科在册××人,配备××名副科长,下设××、××、××等专业组。我的安全管理职责是: 1. 认真学习《安全生产法》《矿山安全法》等法律规定和我矿各项安全管理制度,全面掌握了解井下安全生产情况。 2. 熟知各类安全管理制度主要内容和矿井"三大规程",根据实际情况,合理组织、有效协调和处理分管安全工作的事宜。 3. 熟知××矿井的《生产安全事故应急救援预案》内容,会根据预案在矿井出现事故时,提出合理化建议,配合分管领导启动相应级别预案,并对事故进行有效处理。 4. 组织开好部门安全例会和每天班前会,对上一班安全情况汇总,并对下一班安全工作注意事项进行安排部署,严格落实安全规章制度。 5. 组织开展好各项安全专项活动工作,按照工作阶段、时间节点进行自查自改,对存在的问题按照"五落实"要求整改到位,加强现场安全管理,加强班组安全文化建设。 6. 对上级监管部门有关安全生产工作动态要求,组织矿各分管领导召开安全专题会议,做好任务分工和安排部署的工作落实。 7. 加强部门安检员队伍的安全综合素质提升学习,定期组织学习和安全教育,不断提升安检员执检执法的高效力度和规范化。 8. 按规定次数下井带班,对当班安全生产情况全面掌握,排查安全状况,对存在的问题组织进行解决	安检科　责有七 一组参　定规案 二教培　如实记 三督落　危源措 四演练　五纠违 六检查　排隐患 七落实　整改措 防风险　治隐患 抓落实　要闭环 反"三违"　不松懈 手腕硬　面孔铁 机构健　制度全 盯现场　把严关 遇事故　即实报 查事故　"四不放" 有报告　要公布 管安全　促生产 要生产　必安全

84. 安检科副科长

岗位	岗 位 描 述	安全管理职责	三字经
安检科副科长	1. 在科长领导下，具体负责本部门安全生产管理工作，对部门安全管理负有直接管理责任。 2. 认真学习贯彻执行党和国家的安全生产方针及安全生产法律、法规、细则，协助科长搞好部门管理工作。 3. 参加安全规划、风险辨识、风险管控、灾害预防处理计划的审查编制工作。召开安全例会，监督安全技术措施的贯彻落实情况。 4. 对全矿《煤矿安全规程》《安全操作规程》《作业规程》和安全生产规程制度的执行情况行使监督权、检查权。 5. 负责日常安全检查活动，消除安全隐患，纠正"三违"行为。经常深入作业现场检查安全情况，发现隐患及时同当班的区队长、班组长或值班干部进行联系，并认真填写安全隐患汇报记录。 6. 负责对职工进行安全思想教育和新工人上岗的安全教育与培训。监督、检查和掌握本矿全员持证和特种作业人员持证上岗情况。 7. 参加矿召开的安全例会，并提供安全汇报资料和情况，分析研究安全生产动态，提出改进安全生产意见。 8. 负责安全档案管理、安全工作记录、安全工作的统计上报工作。 9. 收集有关安全方面的信息，推广先进经验和先进的管理方法，指导开展安全生产工作。 10. 参加各类事故及"三违"的追查、处理，协助科长组织开好安全专题会。 11. 完成上级领导交办的其他工作。 岗位描述完毕	我叫××，现任××矿安检科副科长。在科长的领导下，负责分管范围内的安全生产监督检查工作，是分管范围内安全生产监督检查的责任者。我的安全管理职责是： 1. 认真学习《安全生产法》《矿山安全法》等法律规定和我矿各项安全管理制度，全面掌握了解井下安全生产情况。 2. 熟知我矿各类安全管理制度主要内容和"三大规程"，根据实际情况，合理组织、有效协调和处理分管安全工作的事宜。 3. 熟知××矿井的《生产安全事故应急救援预案》内容，会根据预案在矿井出现事故时，提出合理化建议，配合分管领导启动相应级别预案，并对事故进行有效处理。 4. 组织开好部门安全例会和每天班前会，对上一班安全情况汇总，并对下一班安全工作注意事项进行安排部署，严格落实安全规章制度。 5. 组织开展好各项安全专项活动工作，按照工作阶段、时间节点进行自查自改，对存在的问题按照"五落实"要求整改到位，加强现场安全管理，加强班组安全文化建设。 6. 加强部门安检员队伍的安全综合素质提升学习，定期组织学习、进行安全教育，对"三大规程"、安全文件工作要求、安全知识等进行学习，不断提升安检员执检执法的高效力度和规范化	安检科　重在检 做副手　协助好 说安全　管安全 心存畏　责任重 "三不伤"　严规程 重防范　措施定 查现场　排隐患 辨风险　做演练 保带班　严考核

85. 安检科技术员

岗位	岗 位 描 述	手指口述安全确认	三字经
安检科技术员	1. 根据《煤矿安全规程》规定，建立矿井安全监督检查、隐患排查与整改、安全会议等基本安全管理制度，同时配套制定具体的安全管理考核办法，并逐年进行修订补充。 2. 根据《安全技术措施审批制度》规定，认真履行审批手续，并监督检查安全技术措施贯彻及现场执行，严把安全技术关。 3. 根据《安全会议制度》规定，认真做好安全办公例会、隐患排查及旬检等各类安全会议资料准备及记录工作。 4. 根据《安全监督检查制度》规定，认真落实安全生产责任制，积极参加各类安全检查活动，履行安全管理职能。 岗位描述完毕	我叫××，现任××矿安检科技术员。在科长的领导下，负责安全技术管理工作。是科室安全技术管理的主要责任者。 手指口述完毕	拟方案 审措施 强管理 抓落实 排隐患 促整改 重基础 严考核 考试过 办三证 抓培训 定职责 资料全 严把关

86. 安检科信息员

岗位	岗 位 描 述	手指口述安全确认	三字经
安检科信息员	1. 负责干部下井带班、隐患处理等各类安全信息的统计、处理及上报工作。 2. 根据《干部下井及签阅制度》统计各级管理人员下井次数，并对各类下井信息表分类进行报送签阅、筛选及存档。 3. 根据《隐患排查与整改制度》筛选各类安全隐患，分级分类登记台账，下发隐患整改通知单、罚款单及审阅隐患复查汇报表，实现隐患处理闭合。 岗位描述完毕	1. 目前管理人员下井共××人，其中矿级领导××人、科室××人、区队××人。 2. 筛选隐患×条，均为×级隐患，全部进行了"三定"，已整改××条，还有××条未处理。 3. 查处"三违"××人次，其中严重"三违"××人次、一般"三违"××人次。 4. 计算机目前设备运行正常，各种数据已全部录入计算机；所有资料齐全，卫生清扫完毕。 手指口述完毕	信息员 任务重 各组数 要熟记 资料齐 数据准 各隐患 闭环管 重危源 应建档 依规定 要备案 定预案 告人员 任务完 进系统

87. 安全检查员

岗位	岗位描述	手指口述安全确认	三字经
安全检查员	1. 严格履行安全管理监督检查责任，做到持证上岗。 2. 学习掌握煤矿"三大规程"、国家安全生产法律法规及公司、煤矿安全生产规章制度和本矿有关安全生产规定。 3. 学习掌握安全生产标准化检查标准。 4. 熟悉各种灾害事故避灾路线，了解救灾避灾、自救互救常识。 5. 严格按制度规定规范职工安全行为，制止"三违"。 6. 排查治理各类安全隐患，并监督整改、复查验收。 7. 严格按安全生产标准进行检查，工程质量动态达标。 8. 严格按规定进行巡回安全检查，搞好安全质量评估。 9. 发现重大安全隐患和事故预兆立即停止作业，将作业人员撤到安全地点，并立即向矿调度室报告。 10. 发生事故立即报告，保护好事故现场，积极配合，严格按"四不放过"原则进行事故追查处理。 岗位描述完毕	我叫××，是××矿安检科××安全检查员。在分管副科长的领导下，负责专业范围内的安全监督检查工作。 1. 人的安全行为确认： （1）手指口述：检查工具、仪器、评估表携带齐全，完好合格。 （2）"三员两长"挂牌上岗，定员人数牌板填写准确。（三员：安检员、瓦检员、质量验收员，两长：副队长、班组长。） （3）"三员两长"在作业现场交接班，无遗留问题。 （4）特殊工种人员配备齐全，持证上岗。 （5）现场作业人员严格执行各项规章制度，遵章作业，安全行为规范。 2. 作业环境安全确认： （1）手指口述：各种检查牌板吊挂标准、填写准确，瓦斯浓度和空气温度湿度及风速风量符合《煤矿安全规程》规定，确认完毕。 （2）作业场所文明卫生达标。 （3）支护到位，安全出口畅通。 （4）机头机尾固定牢靠，打设符合要求，无超空顶现象，确认完毕。 （5）工作面"三直两平两畅通"，支架初撑力、端面距符合要求，确认完毕。 3. 设备设施安全确认： （1）手指口述：运输斜坡"一坡三挡"齐全可靠，声光信号正常，现已停止拉运，停电闭锁，可以行走。 （2）系统车使用双连接固定牢固，安全可靠。 （3）材料堆放整齐，挂牌管理规范。 （4）综合防尘设施齐全，使用正常。 （5）行人过桥安设牢固，可以通行。 （6）瓦斯传感器、便携式瓦斯报警仪、风电闭锁等装置吊挂规范，数据显示正常。 （7）泵站管理到位，压力达标，乳化液配比合理，无跑冒滴漏。 4. 综合评估确认： （1）安全生产标准化检查验收达标，无遗留问题。 （2）安全评估具备安全生产条件，允许开工生产。 手指口述完毕	安检员 是先锋 抓安全 身正气 无情面 意凛然 现场查 保安全 纠违员 必严办 隐患点 莫小看 即整改 勿延缓 有险情 准判断 组人员 除危险 安全弦 要紧绷 多提醒 不厌烦 反违章 辩风险 促生产 保安全

88. 生产技术科科长

岗位	岗 位 描 述	安全管理职责	三字经	
生产技术科科长	1. 认真贯彻执行党和国家安全生产方针、政策、国家安全生产法规、矿及上级部门有关安全生产文件的规定。 2. 积极组织工程技术人员学习安全生产法律、法规和安全生产管理制度。 3. 依照国家法律、法规和规范做好工程设计、工程管理、采掘接续、技术业务保安、生产管理、科技创新等工作。 4. 按照安全技术和环境保护要求，设计各类井巷工程与综采面回采准备及回撤工程，按时提供各类施工图纸，并进行技术交底。 5. 严格落实矿井采、掘、地质、测量、防治水的技术指导、监督、检查、管理工作。 6. 认真负责相关工程的质量检查、验收和业务管理，以及煤质管理工作。 7. 审批和检查各施工工程的作业规程及安全技术措施，并安排跟踪规程和措施的执行落实。 8. 编制矿井中长期规划、年度生产接续计划、月生产计划，合理安排生产，搞好矿井采掘接续工作。 9. 负责矿井生产方面的科技创新管理，积极推广应用先进技术和先进经验。不断采用新技术、新工艺，协助各施工单位在生产过程中改善劳动条件，做好安全保障、提高生产效率，推进矿井"四化"建设。 10. 负责矿井水、火、瓦斯（油型气）等地质灾害和隐蔽致灾因素的治理工作，并制定安全技术措施。 11. 认真做好矿井安全生产许可证、采矿许可证、矿长资格证的审验和延续工作。 12. 掌握井下各处生产情况，及时处理出现的问题，组织好安全生产。 岗位描述完毕	我叫××，现任××矿生产技术科科长，在生产矿长和总工程师的领导下，负责生产技术部全面管理工作。生产技术部主要承担全矿生产技术等工作任务。全科在册××人，配备××名副科长，下设××、××、××等专业组。我的安全管理职责是： 1. 认真贯彻执行党的安全生产方针、政策，遵守国家法律、法规及上级主管部门有关安全生产指示、指令，严格遵守各类安全规章制度。 2. 参加研究、编制矿井远景规划和矿井施工作业计划；负责编制"矿井灾害防治计划、事故应急救援预案"；负责施工单位作业规程、施工组织设计、安全技术措施的初审工作；负责开展矿建工程的质量监管工作；负责开展矿井测量及制图、矿井防治水工作和地质及储量方面工作。 3. 组织或参加工程施工组织设计及图纸会审工作，参与重大施工方案的论证工作。 4. 定期召开本单位工作会议，对各专业组的工作提出指导意见和建议。 5. 组织本单位技术人员总结推广先进技术经验，加强信息化施工和水害分析预测工作。 6. 组织和指导技术人员搞好现场技术管理工作，配合总工程师组织分析施工中发生的技术责任事故	技术科 搞设计 理念新 安技措 各类图 各系统 图交底 开工前 审规程 采掘关 各因素 中长期 抓进度 质量关 严考核 各台账 对标准 新技术 新工艺 效率高	是龙头 在前头 思路清 按规范 要完善 考虑周 抢在前 措施先 要严谨 要把牢 考虑全 规划好 把节点 要把严 要兑现 记录全 严要求 常研究 要推广 安全牢

89. 生产技术科副科长

岗位	岗位描述	安全管理职责	三字经
生产技术科副科长	1. 在科长全面安排部署下分管具体工作。 2. 在分管工作中负责生产技术工作安排、检查、总结和汇报工作情况。 3. 在日常工作中负责向科长提出合理化建议，共同搞好本科室各项工作。 4. 严格执行上级的各项政策、法令、制度和有关规定，完成各项任务。 5. 参加矿井生产作业计划的制定和各类规程、措施、方案和报告等的编制和审查工作，提出合理化建议。 6. 参加各种会议，按时完成领导交办的工作。 岗位描述完毕	我叫××，现任××矿生产技术科副科长。在科长的领导下，负责分管范围内的生产技术管理工作，是分管范围内生产技术管理的主要责任者。我的安全管理职责是： 1. 在部门领导的领导下，负责矿井采掘技术管理方面的工作。 2. 认真贯彻落实国家有关煤矿安全生产法律、法规、政策、技术规范和企业的各项规章制度，搞好本企业的技术管理工作。 3. 进行采掘工作面的工程质量检查、验收、评比，积极参与煤矿采掘工程安全质量标准化检查、考核等工作。 4. 根据实际采掘情况指导施工作业，参与编制采掘作业规程和安全技术措施。 5. 参加采掘工作面作业规程、措施的审查，督促检查作业规程、措施的落实情况。 6. 参与编制矿井采掘接续计划，按规定报送有关领导审批，确保矿井采掘接续正常，有利于煤矿的安全管理。 7. 负责推广安全生产新技术、新工艺、新材料、新设备，开展煤矿安全生产科研攻关。 8. 参与"矿井灾害预防和处理计划"和"生产安全事故应急救援预案"的编制。 9. 从技术上加强顶板管理，避免顶板事故。在顶板管理中发现异常情况及时向上级领导提出建议。 10. 严格执行《领导下井带班制度》，对作业现场进行安全监督检查，对查出的问题有效组织解决，履行法律、法规、规章规定的其他安全生产职责	技术关 最关键 技术科 精细化 审规程 看措施 抓现场 看成效 迎检查 抓落实 排计划 严考核 新技术 常研究 新工艺 要推广 新设备 常更换 新材料 用在前 新法规 要吃透 新规定 严执行

90. 生产技术科技术员

岗位	岗 位 描 述	手指口述安全确认	三字经
生产技术科技术员	1. 负责掘进技术管理工作。 2. 负责作业规程和安全技术措施审核。 3. 负责所施工巷道的规格、支护形式和断面，以及地质条件变化时提出修改措施。 4. 不断改进采掘技术，积极推广新技术、新工艺。 5. 负责贯彻上级有关采掘技术的要求和规定。 6. 参加矿井和上级组织的验收和各类安全生产检查。 岗位描述完毕	我叫××，现任××矿生产技术科技术员。在科长的领导下，负责技术管理工作。 1. 认真贯彻执行国家和上级主管部门有关安全生产、煤质管理方面的技术政策规程、规定、规范及条例。 2. 协助部门领导搞好采掘工作、煤质管理、矿压观测等各项技术管理工作。 3. 组织施工单位编制或修订工艺技术操作规程，工艺技术指导必须符合安全生产要求，对操作规程、工艺技术指标和工艺纪律执行情况进行检查、监督和考核。 4. 进行工艺技术方面的安全检查，深入现场，及时工艺技术上存在的问题，查处工艺违章行为。 5. 参与月末的工程质量验收工作，负责所验收巷道的工程计量、变更、工程质量等工作，参与安全质量标准化检查达标工作。 6. 协助部门经理、副经理制定煤矿年度和月度毛煤、商品煤质量计划。 7. 参与搞好煤质管理标准化和煤质市场化管理工作。 8. 对采掘及有关区队月度煤质管理标准化的考核，提供科学准确的数据。 9. 参与编制矿压观测制度、矿压观测方案设计，研究矿压显现规律，上报矿压观测结果分析报告。 10. 负责矿井新技术、新工艺的各项事宜。 手指口述完毕	技术员　头脑清 审规程　重防范 措施定　学贯彻 质量关　责任重 查现场　标准明 各类图　要完善 各因素　考虑全 中长期　规划好 上装备　基础牢

91. 机电科科长

岗位	岗 位 描 述	安全管理职责	三字经
机电科科长	1. 协助机电副总贯彻执行上级下发的有关机电、运输管理的文件、规定、条例、指令等，并认真检查落实。负责制定、完善机电运输管理规章制度及安全操作规程。 2. 负责全矿机电运输安全技术业务管理工作，对全矿机电运输的各项管理工作的正常化、制度化、规范化负责。 3. 负责全矿井上下机电设备的正常运转，对井下的机电设备、运输系统、管线、机房硐室组织定期与不定期的巡回检查；负责机电、运输质量标准化达标计划的制订和实施，安排落实并处理存在的隐患问题。 4. 对全矿的机电运输、管线等每旬组织一次检查验收，对查出的问题按照"五落实"原则落实到位。 5. 组织大型设备的检修、验收工作，参加机电事故的追查、分析并制定安全防范措施。 6. 组织制定全矿机电设备的维修、大修、设备更新改造计划及大修。负责矿井机电配件、油脂、电力、材料消耗计划的制定，做到安全、经济、合理使用。 7. 积极推广新装备、新技术，提高机械化、信息化、自动化、智能化水平，引进先进经验和先进技术、先进设备，改善劳动条件，提高机电管理水平。 8. 负责全矿井各类设备、电气试验和变电所管理工作。按照要求积极开展防雷电工作。 9. 按时完成各级领导交办的其他各项工作任务。 岗位描述完毕	我叫××，现任××矿机电科科长。在机电矿长的领导下，负责机电科全面管理工作。机电科主要承担全矿机电管理等工作任务。全科在册××人，配备××名副科长，下设××、××、××等专业组。我的安全管理职责是： 1. 参与督促制定重要设备管理办法，制定定期检查、检修、保养、测试制度，督促认真贯彻执行，并经常检查。 2. 定期与不定期组织专业设备安全大检查，对查出的问题，隐患及时落实整改，并责令限期达到要求，杜绝设备、设施失爆和带病运行。 3. 经常组织并督促机电、运输管理部对主绞车提升系统、井下提升运输系统进行检查。各种保护设施必须齐全、完好、灵敏、可靠，定期测试，做好相关试验记录，建立健全设备运行档案，完善各种记录备查。 4. 经常组织并督促相关管理部对风机、锅炉、水泵、配电、矿灯等设备专行检查，完好率达到规定要求，各种保护设施齐全、灵敏、可靠，各种操作行为规范，不出现人为事故。 5. 轮流值班时，履行值班领导安全管理权力与职责	管机电 大型矿 要出煤 管设备 勤检修 各记录 各管线 各标签 各保护 传动位 各设备 完好率 开机率 胶轮车 各指标 自动化 不学习 智能化　　必专业 设备多 看机电 按标准 多保养 做台账 平直畅 都贴上 都齐全 有防护 拒失爆 百分百 要达标 要编号 全达标 控制高 管不好 大趋势

92. 机电科副科长

岗位	岗 位 描 述	安全管理职责	三字经
机电科副科长	1. 抓好机电设备的综合管理，参与主要设备的合理选型，及时组织到货，正确安装使用，精心维护，科学检修，提高设备使用寿命。 2. 抓好全矿设备的动态管理及机电设备现场管理，做到全矿设备数量清、状态明、台账细，杜绝野蛮使用破坏设备行为，参加机电设备事故的追查分析和制定安全防范措施。 3. 抓好机电各项成本管理，负责大材、配件、油脂、电力和其他材料的计划、审批、消耗统计及超耗分析工作。 4. 负责参与系统内部管理制度的制定和基层考核结果的汇总及上报工作。 5. 具体负责设备的外委修理工作，做好外委修理的各种协议、审批、验收、入账、统计、结算等工作。 6. 组织车间维修人员积极开展修旧利废工作。 7. 完成领导临时交办的其他任务。 岗位描述完毕	我叫××，现任××矿机电科副科长。在科长的领导下，负责分管范围内的机电管理工作。我的安全管理职责是： 1. 贯彻执行机电技术方面的各种制度、规定，不断提高机电技术管理水平。 2. 参加矿和科室有关会议，总结技术工作经验，提出意见。组织学习贯彻机电工作的技术政策和文件，交流工作经验。 3. 经常深入现场，检查工作场所和机电设备存在的事故隐患，提出解决问题的方案。 4. 负责组织机电设备的技术鉴定、测试和实验工作。 5. 负责审查机电有关图纸，做好技术指导工作。 6. 负责组织机电技术革新、鉴定和推广工作。 7. 按照矿和本部室的安排，组织培训人员，向员工讲述安全和机电技术知识，提高机电员工队伍技术素质	机电科　是经脉 全盘活　靠机电 设备多　台账全 选型好　故障少 检修好　产量高 备件全　影响小 数量清　状态明 制度全　严考核 新设备　常研究 故障率　需改造

93. 机电科维修技术员

岗位	岗 位 描 述	手指口述安全确认	三字经
机电科维修技术员	1. 按照上级部门的要求，及时完成供排水、机电、运输压风等系统图的绘制和修改工作。 2. 负责机电设备、安装、机电工程等，对技术改造提供技术资料和技术服务。 3. 负责对各单位机电人员及特殊工种人员的培训工作，积极组织维修人员学习机电维修技术。 4. 负责旬检、月验和防爆检查的管理工作。 5. 组织参加对设备运行中所有问题的追究分析并制定防范措施。 6. 负责机电设备检修计划的落实和措施的制定。 岗位描述完毕	我叫××，现任××矿机电科设备管理技术员。在科长、副科长的领导下，对全矿井机电设备、安全运转负责。 一、上岗前确认 1. 精神状态良好，可以上岗。 2. 作业内容存在的风险已评估完毕，防范措施落实到位。 二、进入现场前确认 1. 安全帽、矿灯、自救器、便携仪、防砸靴完好。 2. 未穿化纤衣服，未携带易燃、易爆物品。 三、进入作业现场确认 1. 巷道左右无行车，可以通过。 2. 带式输送机安设过桥，可以通过。 3. 随身工具佩戴齐全完好。 4. 作业场所通风状况良好、瓦斯浓度不超过1%。 5. 作业区域顶板、煤壁支护完好，无片帮。 四、开机前确认 电气设备完好，保护齐全可靠，显示器清晰准确，操作按钮灵活可靠。 五、作业过程中确认 1. 设备运行时，各项参数显示正常。 2. 检修设备时严格执行《停送电制度》。 3. 检修时严格执行《验电放电制度》。 六、作业结束后确认 1. 故障已排除，闭锁已解除；各紧固点紧固到位。 2. 瓦斯浓度不超过1%，可以送电。 手指口述完毕	技术活　责任重 各类图　要明确 各计划　组织好 各措施　严落实 各资料　都齐全 双电源　双回路 整定值　仔细算 抓培训　练硬功 按要求　安全好

94. 机电科供电技术员

岗位	岗 位 描 述	手指口述安全确认	三字经
机电科供电技术员	1. 负责全矿安全供电。 2. 按照上级部门的要求，及时完成供电、通信系统图的绘制和修改。 3. 负责电气预防性检修计划的制订及措施的落实，全面组织工作总结和电气试验工作。 4. 负责井下各队组的供电设计、高低压开关整定计算和调荷节电工作。 5. 对有关供电设备的技术改造、工程安装提供技术资料和技术服务。 6. 负责对机电人员和特殊工种人员的技术培训工作。 7. 每月完成矿下井天数规定，参加旬检、月验工作。 岗位描述完毕	我叫××，现任××矿机电科供电技术员。在科长、副科长的领导下，对全矿井供电、供电设备安全运转负责。 一、上岗前确认 1. 精神状态良好，可以上岗。 2. 作业内容存在的风险已评估完毕，防范措施落实到位。 二、进入现场前确认 1. 安全帽、矿灯、自救器、便携仪、防砸靴完好。 2. 未穿化纤衣服，未携带易燃、易爆物品。 三、进入作业现场确认 1. 巷道左右无行车，可以通过。 2. 皮带安设过桥，可以通过。 3. 随身工具佩戴齐全完好。 4. 作业场所通风状况良好、瓦斯浓度不超过1%。 5. 作业区域顶板、煤壁支护完好无片帮。 四、开机前确认 电气设备完好，保护齐全可靠，显示器清晰准确，操作按钮灵活可靠。 五、作业过程中确认 1. 设备运行时，各项参数显示正常。 2. 检修设备时严格执行《停送电制度》。 3. 检修时严格执行《验电放电制度》。 六、作业结束后确认 1. 故障已排除，闭锁已解除；各紧固点紧固到位。 2. 瓦斯浓度不超过1%，可以送电。 手指口述完毕	懂技术　把好关 各类图　要明确 双电源　双回路 整定值　仔细算 按要求　安全好

95. 通风科科长

岗位	岗 位 描 述	安全管理职责	三字经
通风科科长	1. 在总工程师的领导下，对通风技术、监测监控等全面负责。 2. 负责贯彻安全生产方针、政策和上级领导的指示、决定。 3. 负责编制矿井作业通风计划，并组织实施。 4. 参加审查作业规程、安全措施的工作。 5. 组织制定年、季、月的通风、瓦斯、防尘、防灭火等技术措施和制度。 6. 参加编制矿井灾害预防和处理计划及远景规划。 7. 深入井下检查通风工作，发现问题并及时向总工程师汇报。 8. 负责新技术、新工艺的推广工作。 9. 保证各种图纸、技术资料的完整，督促做好资料归档工作。 10. 负责矿领导安排的其他临时性工作。 岗位描述完毕	我叫××，现任××矿通风科科长。在总工程师的领导下，负责"一通三防"等全面管理工作。通风科主要承担全矿"一通三防"等工作任务。全科在册××人，配备××名副科长，下设××、××、××等专业组。我的安全管理职责是： 1. 组织建立矿井安全技术管理体系；组织制定部门岗位责任制和各类制度。 2. 参与编制矿井安全生产规划、年度生产建设计划；负责审批瓦斯治理。 3. 制定矿井"一通三防"人员培训计划，检查"一通三防"特种作业人员接受安全培训和持证上岗。 4. 组织开展矿井通风阻力测定、矿井瓦斯等级鉴定、突出危险性鉴定和煤层突出区域划分、煤层瓦斯参数测定、煤层自燃倾向性和煤尘爆炸性鉴定工作。 5. 审批矿井通风系统图、通风网络图、通风月报表、测风报表、安全监控报表，审核瓦斯日报表相关图件及基础台账等。 6. 负责建立健全矿井"一通三防"系统。 7. 组织开展矿井瓦斯日分析工作。每月组织召开次"一通三防"专题会议。 8. 参与安全生产标准化检查工作；监督检查"一通三防"。 9. 制止和查处超通风能力生产、瓦斯超限作业等行为。履行法律、法规、规章制度规定的其他安全生产职责	管通风　抓"三防" 担子重　责任大 风量足　是根本 风定产　必管严 防瓦斯　懂慎行 监控好　措施牢 人技防　都做到 零超限　要记牢 防好尘　更重要 综合防　必做到 防火灾　拒失爆 内外固　全防到 系统稳　设施牢 系统优　更可靠

96. 通风科副科长

岗位	岗 位 描 述	安全管理职责	三字经
通风科副科长	1. 负责编制年、季、月通风作业计划，填制矿井通风、洒水管路、监测监控、通风网络等系统图，编制有关的安全技术措施，并对年、季、月的通风工作进行书面总结。 2. 负责矿井的送风、反风、闭墙启封、瓦斯排放、防灭火等安全技术措施的编制，并检查执行情况。 3. 负责改进矿井通风系统的方案具体制定及相应的安全技术措施编制。 4. 在技术上负责矿井通风设施、设备、仪器、仪表的性能鉴定工作。 5. 负责《矿井灾害预防处理计划》中有关"一通三防"的章节的编制工作。 6. 负责制定通风特殊工种人员的培训计划，并参与计划的实施工作。 7. 负责科技攻关、先进经验和先进技术的推广工作。 8. 制定年度的矿井瓦斯等级鉴定工作，并监督实施，向上级呈报鉴定结果。 9. 负责矿井通风阻力的测定工作，对矿井通风阻力分布情况进行分析，提出改善系统的具体措施。 10. 编制矿井、采（盘）区、工作面的通风设计及各类通风工程计划和矿井综合防尘设计，并检查设计的执行情况。 11. 负责各类报表的审查、填制上报工作。 12. 深入现场检查"一通三防"工作，对矿井通风系统及各分区系统运行情况做到心中有数。 13. 具体负责矿井的"煤尘爆炸指数"和"煤层自然发火倾向"鉴定及井下空气成分化验的安排工作。 14. 根据矿井采掘布置，核定矿井通风能力，做到以风定产。 岗位描述完毕	我叫××，现任××矿通风科副科长。在总工程师和科长领导下，负责通风技术及分管范围内的通风管理工作。我的安全管理职责是： 1. 参与组织建立矿井安全技术管理体系；编制部门岗位责任制和各类制度。 2. 参与编制矿井安全生产规划、年度生产建设计划。 3. 编制矿井"一通三防"人员培训计划，检查"一通三防"特种作业人员接受安全培训和持证上岗。 4. 组织开展矿井通风阻力测定、矿井瓦斯等级鉴定、突出危险性鉴定和煤层突出区域划分、煤层瓦斯参数测定、煤层自燃倾向性和煤尘爆炸性鉴定工作。 5. 绘制矿井通风系统图、通风网络图、通风月报表、测风报表、安全监控报表、完善瓦斯日报表相关图件及基础台账等。 6. 建立健全矿井"一通三防"系统。 7. 参与矿井瓦斯日分析工作，组织每月召开1次"一通三防"专题会议。 8. 参与安全生产标准化检查工作；监督检查"一通三防"。 9. 制止和查处超通风能力生产、瓦斯超限作业等行为	通风科 各系统 各图纸 开工前 排计划 精仪器 新技术 回风巷 高度够 风定产 超能力 生命关 考虑周 抢在前 措施先 把全盘 常鉴定 勇攻关 要畅通 要卫生 记心中 绝不行

97. 通风科技术员

岗位	岗 位 描 述	手指口述安全确认	三字经
通风科技术员	1. 参加矿井主要通风机、局部通风机的性能试验工作。 2. 负责矿井瓦斯等级鉴定方案的具体实施。 3. 负责向科室全体职工贯彻"三大规程"、安全技术措施及上级有关文件、政策、指令等，并做好贯彻记录。 4. 按通风科制定的培训计划，对全体职工进行技术业务培训，并进行考核。 5. 配合科长搞好"一通三防"先进经验、先进技术的推广工作，参加科技攻关。 6. 领导测风员、测尘员及仪修组的工作，负责矿井配风计划的实施及瓦斯计划图表的编制工作，并检查瓦斯计划图表的实施情况，负责仪表定期校正、维修的组织工作。 7. 针对井下实际情况，制定局部风量调节方案，报经科长批准，组织实施。 8. 负责各项技术业务工作，保证各种报表的按时、准确上报。负责技术业务的直接管理工作，做到各类台账填写准确及时。 9. 深入井下检查"一通三防"工作，发现问题拿出处理意见，汇报有关领导，进行处理。每旬对井下所有瓦斯检查点进行一次瓦斯检查。根据矿井瓦斯动态报告，对有瓦斯涌出可能的地点进行重点检查。按时填制瓦斯检查旬报，送矿总工程师、矿长审阅。 岗位描述完毕	我叫××，现任××矿通风科技术员。在总工程师和科长领导下，负责通风技术管理工作。 1. 负责协助部门领导搞好"一通三防"管理工作。 2. 负责通风月报、季报、防尘季报等报表的编制和审批工作。 3. 负责矿井通风系统图、防尘系统图、避灾路线图等图纸的绘制工作。 4. 负责编制通风系统调整方案和采掘面安全技术措施的编审。 5. 负责月计划、总结的编制工作。 6. 负责巷道贯通、工作面密闭等记录的建立和完善工作。 手指口述完毕	管通风 审规程 抓质量 担子重 吊挂点 各仪器 风定产 防瓦斯 监控好 人技防 新技术 新工艺 新法规 技术硬 写措施 管培训 责任大 按规定 规定校 必管严 懂慎行 措施牢 都做到 要研究 要学习 要吃透

98. 地测科科长

岗位	岗 位 描 述	安全管理职责	三字经
地测科科长	1. 认真贯彻执行国家技术政策、上级指示和有关规定，根据规程、规范编制有关业务制度，并组织落实上级文件和指示。 2. 组织制订地测科工作计划，并检查计划的落实情况。 3. 掌握、收集井上下地质和过地质构造带等资料，监督检查防治水工程的施工，指导安全生产。 4. 深入现场，重点检查地测工作质量，及时处理工作中出现的问题。 5. 负责审查重大贯通工程的测量工作和建筑物、井巷煤柱留设工作及上报的图纸资料。 6. 负责追查处理各种由地测引起的事故。 7. 协助总工程师组织编制防治水计划，矿井年、季、月及远景生产及巷道中有关地质、水文地质、测绘等计划。 8. 负责组织审核重大贯通测量工作和各类防隔水煤柱留设，并及时上报审批。 9. 组织全科人员的业务学习，调动全科不断提高技术业务能力。 岗位描述完毕	我叫××，现任××矿地测科科长。在总工程师的领导下，负责地测科全面管理工作。地测科主要承担全矿地质、测量、防治水等工作任务。全科在册××人，配备××名副科长，下设××、××、××等专业组。我的安全管理职责是： 1. 深入现场，了解生产状况，组织全体人员完成各项生产任务或工作，及时处理地测工作中存在的问题，做好业务保安。 2. 负责矿井地测防治水专业质量标准化达标工作，是地测防治水专业质量标准化达标工作的第一责任者。 3. 负责矿井探放水设计的审核、探放水工程施工监督等地测防治水专业口的工作。 4. 参与矿井设计、延伸、技术改造、采掘接续、作业规程的审核等工作	地测科 职责重 资料多 类要全 风险源 重中重 测量学 大数据 地质学 全过程 防治水 先预测 有疑问 必先探

99. 地测科副科长

岗位	岗 位 描 述	安全管理职责	三字经
地测科副科长	1. 协助科长贯彻执行上级机关下发的地测文件、规定、条例、指令，并认真检查落实。 2. 参与有测量任务的矿井工程设计会审，帮助施工单位按技术要求施工。 3. 负责对矿井生产建设中有关的测量问题组织讨论研究、初审重大贯通工程的施工技术措施及总结。 4. 负责正确建立矿井上下测量控制系统。 5. 负责组织测量科研项目先进经验的推广和应用。 6. 负责编制审查全矿性的测量原则和有关图纸资料。 7. 负责参与科室内部管理制度的制定和基层考核结果的汇总及上报工作。 岗位描述完毕	我叫××，现任××矿地测科副科长。在总工程师和科长的领导下，负责分管范围内的地测防治水工作。我的安全管理职责是： 1. 负责地测科的行政业务领导工作，负责召集地测科务会议，贯彻执行上级和矿上有关的规章制度。 2. 深入现场，了解生产状况，组织全体人员完成各项生产任务或工作，及时处理地测工作中存在的问题，做好业务保安。 3. 负责矿井地测防治水专业质量标准化达标工作。 4. 负责矿井探放水设计的审核、探放水工程施工监督等地测防治水专业口的工作。 5. 参与矿井设计、延伸、技术改造、采掘接续、作业规程的审核等工作。 6. 组织地测科职工政治业务学习，推广先进技术，提高业务素质和独立工作能力	地测科 职责重 井上下 控制权 工程前 措施先 掘巷道 测量先 定方向 标腰线 准贯通 测量保 地质学 学在研 各台账 记录全 不应付 少事故 防治水 必物探 有疑问 必钻探 新技术 要研究 新工艺 要学习 新法规 要吃透

100. 地质技术员

岗位	岗 位 描 述	手指口述安全确认	三字经
地质技术员	1. 对所负责的矿井、采（盘）区的地质情况要经常深入现场，全面观测，认真编录，经常分析研究，努力找出规律性的结论。按矿井地质规范、防治水细则等规定和规程要求做好地质、水文地质等图纸和资料及账卡质量标准化工作。 2. 参加全矿"三书"编制工作，并负责完成自己分管的"三书"（采区地质说明书、回采地质说明书、掘进地质说明书）工作。 3. 经常深入现场调研，做到数目清楚、情况清楚、台账健全，发现问题及时上报并提出合理建议。 4. 协助科长做好地质工作，如发现地质问题要及时反映情况并汇报各项工作完成情况，确保地质资料的正确性。 5. 观测矿井涌水量，记录、收集、分析矿井水文地质资料。 6. 协助科长做好探放水工作。 岗位描述完毕	我叫××，现任××矿地测科地质技术员。在科长的领导下，负责地质方面管理工作。 1. 负责编制地质、防治水、储量管理方面的技术设计、方案、措施、总结等。 2. 参与收集、分析、整理矿井地质、水文地质、储量方面的技术资料，保证资料的真实、可靠。 3. 负责分析掌握地质构造、煤层、煤质变化规律，编制地质预报，及时填绘、修改地质图件等。 4. 矿井正在采（掘）的工作面是××，现工作地点地质情况为××。 手指口述完毕	普详查　找规律 素描图　资料库 记录好　把档存 三细则　烂于心 五灾害　要防范 防透水　控瓦斯 无着火　管顶板 清煤尘　保安全 遇难题　莫心慌 找规律　把它搞 勤学习　专业务 新技术　新水平

101. 地测科测量工

岗位	岗 位 描 述	手指口述安全确认	三字经
地测科测量工	1. 协助科长正确建立矿井上下测量控制系统。 2. 组织实测各类巷道，按照图例规定及时填绘各种图纸。 3. 负责编制大于3000 m的或重要贯通设计，并及时呈审组织参加施测和贯通后联测与总结。 4. 负责建立健全各项测量原始台账。 5. 组织各类工程埋桩的测量定位工作。 6. 负责测量仪器的保管工作，并要定期进行校验。 7. 学习新知识、新技术、提高业务能力。 岗位描述完毕	我叫××，现任××矿地测科测量工。在科长的领导下全面负责矿井上下测量工作，组织好全组人员完成测量的各项任务。 一、安全确认 1. 测量前对测点前后进行辨认是否有车辆通行，严禁车辆通行。 2. 测量员应选择在巷道无空顶、空帮、支护完好地点进行测量放线工作。 二、手指口述 1. 在所选测量地点架设仪器。 2. 用卷尺量取巷道断面、仪高、站高等数据。 3. 选择站前的前后视点，保证测点仪器可以直接观测到两处地点。 4. 记录清楚测量所得坐标、高程，核对是否符合设计要求。 5. 测量后的计算整理工作：升井后根据测量所得的坐标、高程，并上图核实。做到图巷相符。如果测量有异常及时向领导汇报。 手指口述完毕	测量员　技术股 懂测量　会放线 仪器精　爱护好 勤校验　数据实 各台账　记录全 不应付　少事故